Abdallah SABER

Criação de uma rede de trombólise STEMI nos serviços de urgência

Abdallah SABER

Criação de uma rede de trombólise STEMI nos serviços de urgência

ScienciaScripts

Cover image: www.ingimage.com

This book is a translation from the original published under ISBN 978-620-6-70826-1.

Publisher:
Sciencia Scripts
is a trademark of
Dodo Books Indian Ocean Ltd. and OmniScriptum S.R.L publishing group

120 High Road, East Finchley, London, N2 9ED, United Kingdom
Str. Armeneasca 28/1, office 1, Chisinau MD-2012, Republic of Moldova, Europe
Managing Directors: Ieva Konstantinova, Victoria Ursu
info@omniscriptum.com

Printed at: see last page
ISBN: 978-620-8-37643-7

Conteúdo

Sessões de assinatura

Em memória do meu querido pai e da minha adorável sogra, que Deus Deus os acolha no seu vasto paraíso.

À minha querida mãe e ao meu querido sogro, desejo-lhes uma longa vida.

Gostaria de agradecer a toda a minha família pelo seu encorajamento, à minha querida esposa, cujo apoio tem sido inestimável para mim e que merece todo o crédito por este trabalho,

aos meus queridos filhos pelo seu amor e paciência,

aos meus queridos irmãos e irmãs pela sua ajuda.

A todos os meus mais velhos e mestres, cujo trabalho e esforço levaram à transmissão da minha paixão pela anestesia e pelos cuidados intensivos.

A toda a equipa do serviço de urgência do hospital de Mostaganem e, em particular, da unidade de cuidados intensivos.

A todos os meus colegas, especialmente aos anestesistas dos cuidados intensivos e aos cardiologistas.

CAPÍTULO I

INTRODUÇÃO - QUESTÕES

I. *INTRODUÇÃO :*

A doença coronária é responsável por metade de todas as mortes cardiovasculares a nível mundial [1]. Está frequentemente associada a enfarte do miocárdio (IM) [2]. O enfarte do miocárdio é definido como a necrose dos cardiomiócitos numa situação clínica consistente com isquémia aguda do miocárdio [3]. O enfarte do miocárdio é uma manifestação grave da doença arterial coronária, resultante da oclusão aguda de uma artéria coronária por um trombo, na maioria das vezes complicando a rutura ou fissuração de uma placa aterosclerótica [4,5].

De acordo com a Organização Mundial de Saúde (OMS), nos países de rendimento médio, incluindo a Argélia, a mortalidade por doença cardíaca isquémica aumentou em mais de 1 milhão entre 2000 e 2019 [6]. Atualmente, situa-se em 3,1 milhões [7].

A síndrome coronária aguda (SCA) com supradesnivelamento do segmento ST (STEMI) é a forma mais grave de doença arterial coronária, resultando da oclusão aguda de uma ou mais artérias coronárias por trombo proveniente de uma placa aterosclerótica rompida ou fissurada [8].

O prognóstico do IAMCST na fase aguda depende da rapidez com que o fluxo coronário é restabelecido por angioplastia ou trombólise. Enquanto a angioplastia requer a disponibilidade de uma sala de cateterismo e de uma equipa permanentemente qualificada, a trombólise é mais fácil de realizar no local do diagnóstico e, por isso, continua a ser o tratamento ideal no nosso país para as regiões que não dispõem de meios técnicos adequados. A instalação de uma rede de trombólise STEMI nas várias regiões do nosso país que não dispõem de salas de cateterismo é mais do que necessária para ultrapassar este verdadeiro perigo de saúde pública.

Em Mostaganem, e devido à falta de cardiologistas permanentes e estáveis no sector público, apenas sete pacientes com STEMI foram identificados e trombolizados durante todo o ano de 2018 (excluindo dezembro), e sua morbidade e mortalidade não foram especificadas devido à falta de rastreabilidade. Preocupados, esta situação de falência de cuidados do STEMI na região, está na origem da nossa maior preocupação desde dezembro de 2018 ou a necessidade de criar uma rede de cuidados desta patologia no serviço de urgência de Mostaganem se mostrou necessária. Assim, os reanimadores e cardiologistas de Mostaganem organizaram esta rede para uma melhor gestão dos doentes admitidos por dor torácica com elevação do segmento ST no ECG com menos de 12 horas, em contexto de urgência. Estes doentes, recrutados e inscritos num registo, beneficiarão de uma reperfusão coronária com fármacos, prescrita e realizada por um dos dois especialistas e com a participação do médico de clínica geral de serviço, após eliminação de todas as contra-indicações.

II. PROBLEMA :

A doença coronária é um grave problema de saúde pública. De acordo com a OMS, é uma das principais causas de morte em todo o mundo, sendo responsável por 29,6% de todas as mortes em 2010 e 26,7% em 2016 [1, 2].

Na Argélia, o estudo Tahina mostra claramente que a principal taxa de mortalidade no nosso país é representada pelas doenças cardiovasculares, que representavam mais de 44,5% em 2002 [3], com uma incidência de 41% em 2014 e 36% em 2016 [4, 5].
Segundo declarações do Presidente da Sociedade Argelina de Cardiologia (SAC) em 2013, as patologias cardiovasculares, nomeadamente o enfarte do miocárdio, são responsáveis por mais de 25 000 mortes por ano, ou seja, mais de 2 000 mortes por mês [6].
Salientou ainda que, até 2013, o nosso país registava apenas 4000 casos de angioplastia coronária por ano, sendo que apenas 25% destes eram realizados em regime de urgência (i.e. angioplastia primária e angioplastia para SCA sem elevação do segmento ST).
Esta carência de cuidados médicos deve-se à falta de pessoal e a um número limitado de salas de cateterismo (público-privadas) em apenas algumas grandes cidades. Esta disparidade regional e a má distribuição dos recursos fazem com que cerca de 80% da população argelina não tenha acesso a um centro de angioplastia, como é o caso de Mostaganem. Consequentemente, o tratamento fibrinolítico continua a ser a principal terapia de reperfusão [7,8] para a maioria dos pacientes com síndrome coronária aguda com supradesnivelamento do segmento ST (STEMI) nas diferentes regiões do nosso país.
Em Mostaganem, o prognóstico dos EAMCST continua a ser grave, uma vez que os doentes chegam frequentemente tarde para consultar cardiologistas que não estão de serviço devido ao número limitado de cardiologistas no CHU.
O nosso serviço UMC trata de todas as urgências cardiovasculares da wilaya. Em média, todos os meses, há cerca de dez casos de STEMI admitidos no hospital como emergências, sem contar com os que se complicam ou morrem em resultado de um tratamento tardio ou inadequado. Por conseguinte, é urgente formar os médicos de clínica geral dos serviços de urgência de Mostaganem para diagnosticar e tratar o STEMI, a fim de melhorar o prognóstico.
O nosso estudo permitir-nos-á :

- Relatar a nossa experiência de trombólise do STEMI no departamento de emergência e discutir os seus benefícios e efeitos secundários.
- Descrever o perfil epidemiológico e clínico dos doentes admitidos por SCA ST+ no serviço de urgência de Mostaganem.
- Avaliar o atraso da trombólise em relação ao início da dor
- Registar os resultados da trombólise e os eventos cardiovasculares durante o internamento.
- Propor uma estratégia de trombólise adaptada à nossa região com o objetivo de melhorar o prognóstico do STEMI.

CAPÍTULO II

Dados bibliográficos

I. Síndrome coronária aguda (SCA) :

A. Definições :

1. Aterosclerose :

Segundo a OMS, a aterosclerose é definida como uma associação variável de alterações na íntima das artérias de grande e médio calibre, consistindo numa acumulação local de lípidos, hidratos de carbono complexos, sangue e produtos sanguíneos, tecido fibroso e depósitos calcários. Tudo isto é acompanhado por alterações na média [9,10].

A aterosclerose é a principal etiologia (95% dos casos), mas todos os FRCV estão envolvidos na etiopatogénese da SCA [11].

2. Doença isquémica do coração :

São secundárias a complicações da aterosclerose em uma ou mais artérias coronárias e incluem lesões que vão desde a isquémia até à necrose miocárdica por insuficiente aporte de oxigénio ao miocárdio [12].

3. Síndromes coronárias agudas :

A classificação da SCA baseia-se nas alterações do segmento ST. Esta classificação é estabelecida para fins operacionais, de modo a distinguir imediatamente:

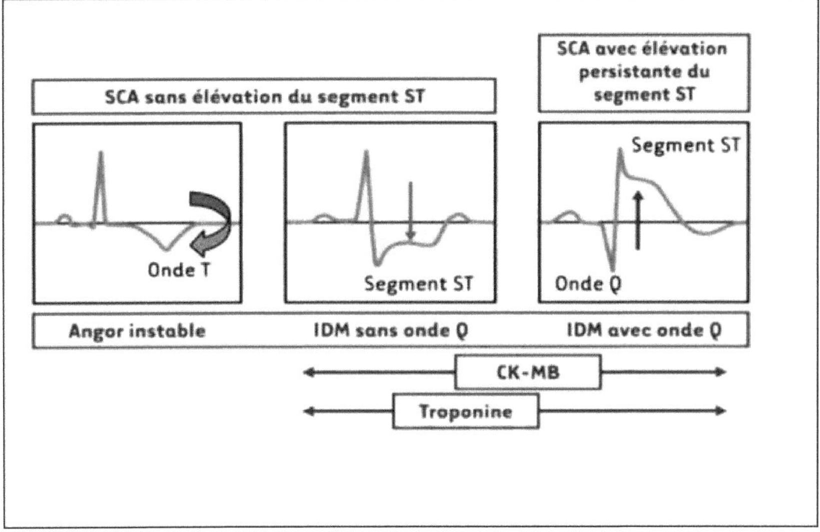

Figura 1: Nosologia da SCA.

A persistência de SCA com supradesnivelamento do segmento ST (SCA ST+) está associada à oclusão completa e sustentada de uma artéria coronária epicárdica e requer **revascularização urgente** com fibrinólise intravenosa ou angioplastia.
SCA com elevação do segmento ST não persistente (SCA-ST), em que a oclusão coronária é parcial ou intermitente. No SCAST-, é feita uma distinção entre **enfarte do miocárdio sem onda Q** (ou **enfarte** subendocárdico) **e angina instável**, dependendo da existência ou não de libertação de marcadores de necrose miocárdica. A ST-ACS é uma entidade clínica heterogénea, com um prognóstico igualmente heterogéneo, sendo a sua gestão baseada na estratificação de risco, permitindo orientar os doentes para a estratégia terapêutica mais adequada.

4. Síndrome coronária aguda ST+ (SCA ST+) :

O SCA ST+ corresponde ao enfarte agudo do miocárdio das definições antigas. É definido no ECG pela elevação persistente do segmento ST (STEMI).
Antes de 1999, o enfarte do miocárdio era definido pela OMS como a combinação de pelo menos dois dos três critérios seguintes: uma história clínica de dor torácica com duração superior a vinte minutos, alterações no ECG (eletrocardiograma) e um aumento e depois uma diminuição dos marcadores cardíacos [13].
Em 2000, foi introduzido o conceito de SCA, mais adequado à medicina de emergência e cujo principal sintoma é a dor torácica aguda, mas os doentes são classificados com base no ECG. Podem distinguir-se duas categorias de doentes:

- **Doentes com dor torácica aguda e elevação persistente (> 20 min) do segmento ST**: São conhecidos como SCA ST+ (STEMI), o que geralmente reflecte uma oclusão coronária total aguda.
- **Pacientes com dor torácica aguda, mas sem elevação persistente do segmento ST: Estes são SCA sem elevação persistente do segmento ST (NSTEMI)** [14].

B. Recordação anatómica :

1-Artes :

Uma artéria (do grego artêria) é um vaso sanguíneo que, do ponto de vista funcional, transporta o sangue do coração para outros tecidos do corpo.
Todas as artérias transportam sangue oxigenado para os órgãos, exceto as artérias pulmonares, que transportam sangue pobre em oxigénio para os pulmões para reoxigenação.
Uma artéria é constituída por várias camadas concêntricas:

- **A íntima, que está** em contacto direto com o sangue, é constituída por um endotélio (composto por células epiteliais escamosas) e uma camada subendotelial (tecido conjuntivo frouxo), separados por uma lâmina basal.
- **A média** é constituída por células musculares lisas rodeadas por um matriz extracelular, ela própria constituída por fibras de colagénio e elastina.
- A **adventícia** (periferia) é constituída por fibras de colagénio, elastina e células adiposas (adipócitos).

2- Artérias coronárias :

São conhecidas como artérias coronárias porque estão dispostas num anel à volta do coração. Existem duas delas, **a artéria coronária direita (ACD)** e **a artéria coronária esquerda (ACE)** [15]. Elas nascem da porção inicial da aorta (ver Figura 1). As coronárias esquerda e direita são **artérias terminais**. Seu fluxo em repouso representa cerca de 5% do débito cardíaco e, ao contrário da maioria das outras artérias, são perfundidas durante a diástole ventricular [16].

- **Artéria** coronária **esquerda:** a artéria coronária esquerda (artéria coronária sinistra) nasce no seio da aorta (seio coronário esquerdo). É muito curta, com 1 a 2 centímetros, entre o tronco pulmonar e a aurícula esquerda. Divide-se em dois ramos: **uma artéria interventricular anterior** e **uma artéria circunflexa.**
- **Artéria coronária direita:** a artéria coronária direita (arteria coronaria dextra) nasce no seio da aorta (sinus aortae) ou seio coronário direito. O seu trajeto tem três segmentos: um primeiro segmento curto e oblíquo para a frente e para a direita, um segundo segmento que corre ao longo do bordo inferior da aurícula direita e um terceiro segmento onde se junta à superfície posterior do creur ao nível da cruz dos sulcos.
- Divide-se em dois ramos terminais: **a artéria interventricular posterior** e a **artéria rctroventricular esquerda**. Seus ramos colaterais são o ramo ascendente do átrio direito e o ramo descendente do ventrículo direito (marginal) [17].

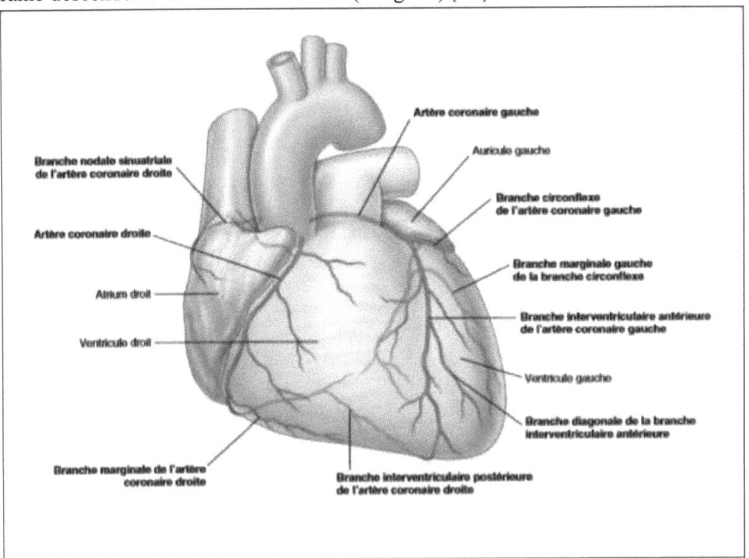

Figura 2: Vista anterior do sistema arterial coronariano [18].

3-Territórios vasculares :

A artéria coronária esquerda vasculariza a aurícula, a aurícula esquerda, o ventrículo esquerdo e os 2/3 anteriores do septo interventricular.

A artéria coronária direita vasculariza a aurícula direita, a aurícula direita, o ventrículo direito, o septo inter-atrial e o 1/3 posterior do septo inter-ventricular.

A trombose numa artéria do sistema de cardioversor pode levar a **perturbações do ritmo.**

A vascularização do sistema cardiónico inclui:

- **O seio na'iid**: é irrigado pelo CD em 64% dos casos e pelo GC em 36% dos casos;
- **A artéria atrioventricular**: é suprida pela primeira artéria septal posterior a partir da CD;

- **O feixe atrioventricular (BVA)**: também é suprido pela primeira artéria septal posterior a partir da CD;
- **O ramo direito da FAV**: suprido pela 2ª artéria septal anterior do CG;
- **O ramo esquerdo da FAV**: suprido por ramos septais das duas coronárias.

C. Antecedentes fisiopatológicos :

1- Fisiopatologia da doença arterial coronária ateromatosa [19,20]:

A aterosclerose é uma associação variável de alterações na íntima das artérias de grande e médio calibre, que consiste numa acumulação focal de **lípidos**, **hidratos de carbono complexos**, **sangue** e **produtos sanguíneos**, **tecido fibroso** e **depósitos calcários**, acompanhada de alterações na média.

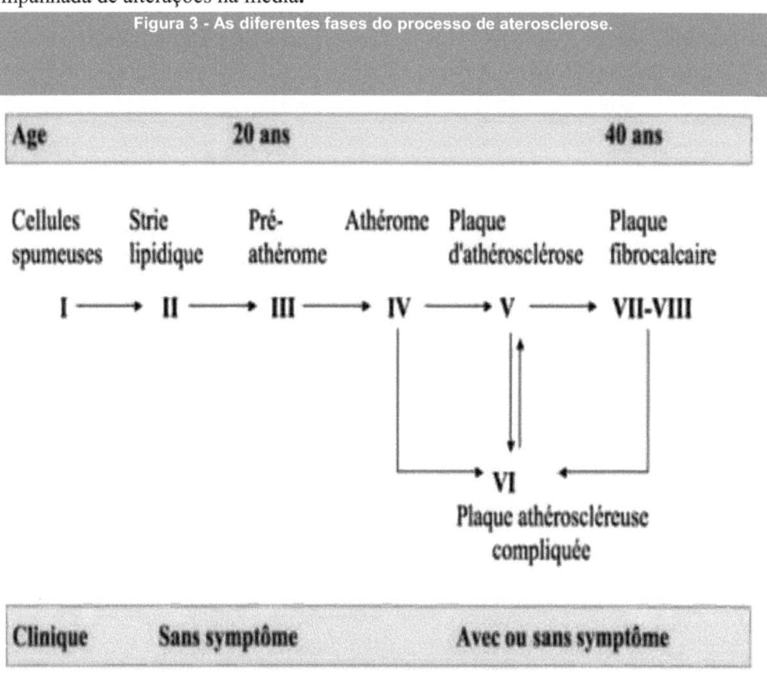

Figura 3: Génese da placa aterosclerótica [21].

rMecanismos sucessivos combinam-se para formar a placa bacteriana:

- **Acumulação de lipoproteínas de baixa densidade (LDL)** na íntima.

Trata-se de um fenómeno passivo secundário a um desequilíbrio entre entradas e saídas.

- **Oxidação das** LDL: a oxidação das LDL ocorre in situ, no espaço intimal, por diversos mecanismos enzimáticos e não enzimáticos.
- **Disfunção ou ativação endotelial**: O endotélio normal inibe a adesão dos monócitos circulantes. Esta ativação leva à expressão de moléculas de adesão na superfície endotelial e depende em grande parte da presença de LDL oxidado na íntima.
- **Recrutamento dos monócitos circulantes e sua transformação em macrófagos e, em seguida, em células espumosas**: nesta fase, os monócitos circulantes aderem à superfície do endotélio, atravessam-no e transformam-se em macrófagos e, em seguida, em células espumosas.

Os macrófagos presentes no espaço subendotelial desempenham um papel fundamental em muitas fases da aterosclerose (produção de citocinas inflamatórias, etc.).

- **Reação inflamatória crónica**: Assim que os macrófagos se infiltram na parede arterial, provocam uma reação inflamatória crónica que é crucial para o crescimento da placa (auto-amplificação).

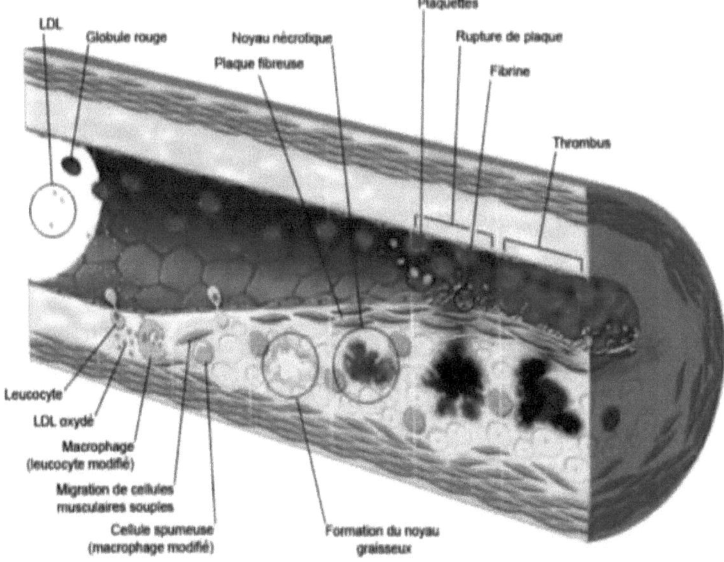

Figura 4: Formação da placa aterosclerótica [22].

- **Formação do centro ateromatoso e da capa fibrosa**: os lípidos da placa são, primeiro, essencialmente intracelulares e, depois, também extracelulares; nesta fase, agrupam-se para formar uma massa denominada creur lipídico ou centro ateromatoso. A placa aterosclerótica adulta caracteriza-se pela formação de uma capa fibromuscular que isola o centro lipídico do lúmen arterial. A capa fibrosa é composta por células musculares lisas e proteínas da matriz extracelular (colagénio, elastina, proteoglicanos). As células musculares lisas provêm do meio. A integridade da capa fibrosa é um fator determinante na estabilidade das placas ateroscleróticas.

2. Evolução da placa aterosclerótica :

A rutura da placa aterosclerótica é uma complicação súbita, causa de acidentes clínicos agudos. A qualquer momento, o processo inflamatório pode aumentar na placa e enfraquecer a capa de proteína fibrosa; é o que acontece quando as metaloproteases libertadas pelos macrófagos e pelas células musculares lisas digerem as proteínas desta capa fibrosa protetora e quando as citocinas segregadas localmente desencadeiam a apoptose das células musculares lisas. A placa é então suscetível de se romper ou de sofrer uma erosão do seu revestimento endotelial (placa instável), expondo assim à corrente sanguínea as moléculas de fator tecidular que contém. O sangue coagula em contacto com o fator tecidular e o trombo que se forma pode provocar uma oclusão suficiente do lúmen arterial para desencadear um acidente vascular cerebral isquémico agudo. O trombo pode fragmentar-se e criar êmbolos.

- **A progressão da placa ateromatosa:** pode levar a uma redução do lúmen do vaso (componente lipídico e matriz). Esta progressão pode ser gradual, mas ocorre principalmente em surtos durante acidentes agudos de rutura da placa, incorporando material trombótico. A placa pode evoluir lentamente para tecido fibroso e calcificado.
- **Hemorragia intraplaca**: leva a um aumento súbito do volume da placa e pode romper a capa fibrosa.
- **Regressão da placa:** observada

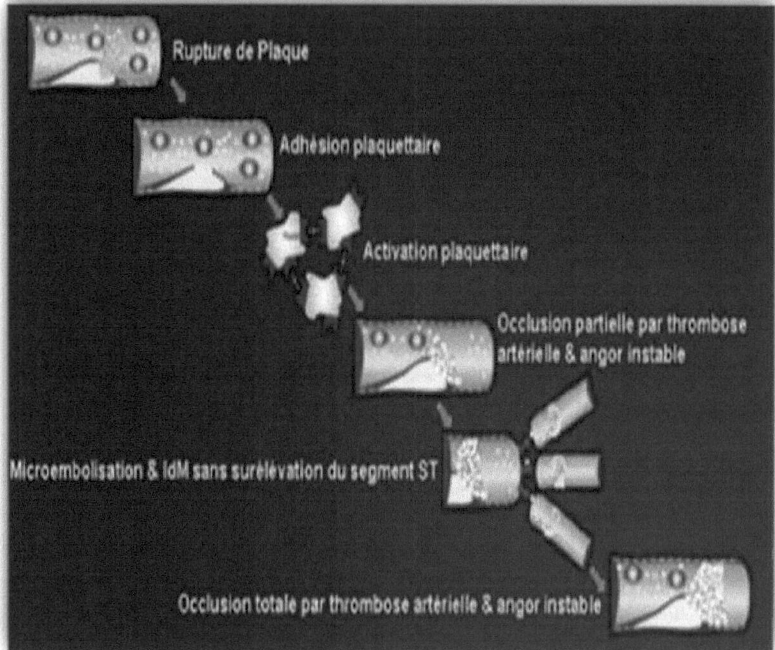

Figura 5: Evolução da placa aterosclerótica

3- Fisiopatologia da síndrome coronária aguda :

O mecanismo de oclusão coronária total no STEMI é uma trombose que se desenvolve numa placa coronária aterosclerótica. Promovida por uma combinação de factores de risco cardiovascular, a doença arterial coronária inicia-se com a formação de uma placa aterosclerótica, cujo ponto de partida é a disfunção endotelial. A SCA tem um mecanismo fisiopatológico comum, representado principalmente pela **rutura** da placa ou pela **erosão** do endotélio coronário (observada sobretudo nas mulheres). Esta rutura da placa ou erosão endotelial ativa as funções plaquetárias e a cascata de coagulação, levando à formação de **trombos plaquetários** e/ou **fibrino-cruzados** capazes de reduzir abruptamente o lúmen do vaso ou obliterá-lo completamente.

Além disso, os trombos formados no local da rutura da placa ou da erosão plaquetária são susceptíveis de embolizar para o leito distal e criar focos únicos ou múltiplos de necrose celular, explicando a libertação enzimática [23].

4- Consequências miocárdicas da trombose coronária :

Na ausência de tratamento, e dependendo da duração da oclusão, do limiar isquémico do miócito e da existência ou não de circulação de bypass, a trombose coronária progride para isquémia miocárdica e depois para necrose.

a. Isquémia miocárdica: resulta de um desequilíbrio entre o fornecimento e o consumo de oxigénio pelos miócitos. Esta isquémia miocárdica dura no máximo 4 horas após o início da oclusão coronária e conduz a uma hipoxia ou mesmo a uma anóxia celular.

A nível celular, as anomalias no sarcoplasma dos miócitos ocorrem após cerca de quarenta minutos no subendocárdio do miocárdio.

A nível metabólico, em caso de isquémia, há um desvio da via metabólica normal para a glicólise anaeróbica. Esta via é uma fonte pobre de ATP e há uma acumulação de ácidos gordos que são prejudiciais para o miócito. Além disso, a diminuição do fluxo coronário compromete a eliminação de lactatos e protões, resultando em acidose metabólica. Este déficit secundário de ATP leva à disfunção do transporte iônico transmembrana, com acúmulo de cálcio intracelular, e gera anormalidades eletrofisiológicas levando a distúrbios graves do ritmo [24,25].

Em seguida, em poucos minutos, observam-se anomalias contrácteis e hemodinâmicas na sequência da oclusão coronária e hipocinesia na parede oposta à isquémica.

b. Necrose miocárdica: resulta da perpetuação da oclusão coronária trombótica aguda. A necrose transmural atinge mais de 50% da espessura do miocárdio. De acordo com dados experimentais, **a necrose está completa após** cerca de **quatro horas**; no homem, **a necrose miocárdica subendocárdica começa trinta a quarenta minutos após o início da oclusão**; progride do subendocárdio para o epicárdio e do centro para a periferia da área afetada.

Histologicamente, o miocárdio necrótico é colonizado por polimorfos eosinofílicos e monócitos. Uma reação inflamatória aparece dentro de quarenta e oito horas e está constantemente associada a esta necrose. Ao contrário da isquémia, esta fase de necrose não é reversível. Vários parâmetros vão influenciar o tempo de desenvolvimento da necrose completa: em particular, a existência ou não de colaterais, a noção de pré-condicionamento que corresponde à repetição de fases de isquémia-reperfusão que precedem o enfarte e, sobretudo, os métodos terapêuticos utilizados nesse preciso momento [26,27].

c. Disfunção sistólica-diastólica: a deterioração da função sistólica evidenciada pela queda da fração de ejeção deve-se à amputação da massa contrátil do ventrículo esquerdo correspondente à zona necrótica, que é acinética ou discinética, e em menor grau à redução da contratilidade (hipocinésia) nas zonas adjacentes à necrose. Por outro lado, a heterogeneidade da contração cria um assincronismo contrátil que agrava a disfunção ventricular. A diminuição da distensibilidade ventricular está relacionada com o prolongamento do relaxamento devido à isquémia das zonas adjacentes à necrose, resultando numa alteração da função diastólica.

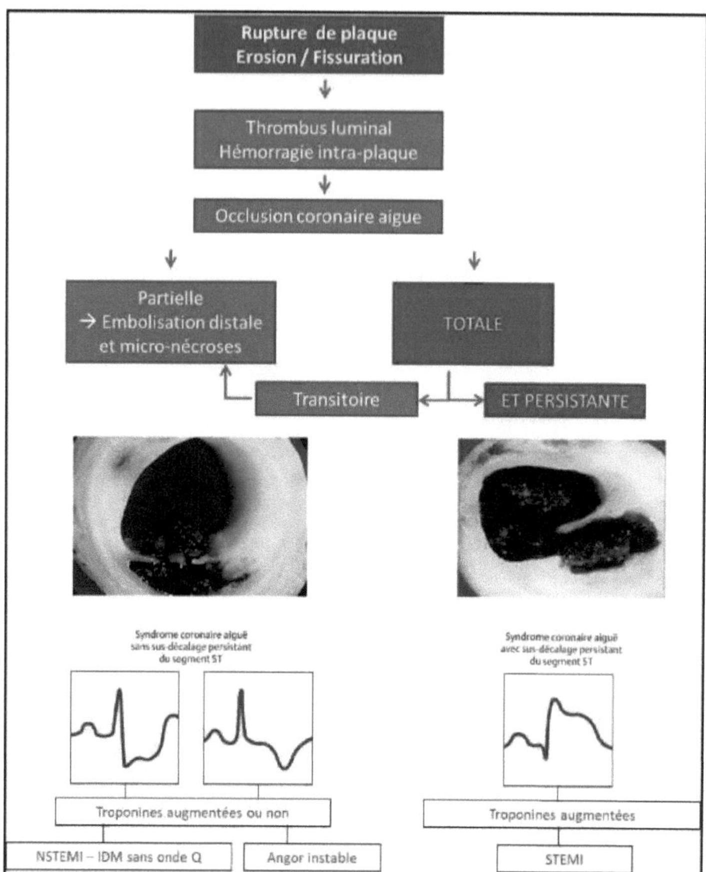

Figura 6: Fisiopatologia das síndromes coronárias agudas.

d. **Alterações da geometria ventricular:** Afectam tanto a zona necrótica como o miocárdio saudável. O adelgaçamento e a dilatação da zona necrótica resultam numa expansão dessa mesma zona, enquanto o miocárdio saudável sofre uma hipertrofia-dilatação que se pretende compensatória. Em conjunto, estes dois fenómenos constituem **a remodelação ventricular**. Os factores preditivos desta remodelação são a topografia anterior do enfarte, uma fração de ejeção inferior a 40%, uma massa acinética superior a 20% e a persistência de oclusão coronária. Os corticosteróides e os anti-inflamatórios não esteróides têm um efeito deletério na remodelação, e as condições de carga também desempenham um papel, enquanto os inibidores da enzima conversora da angiotensina têm o efeito oposto [28,29,30].

e. **Bioquimicamente:** a morte dos miócitos leva à libertação de enzimas miocárdicas na corrente sanguínea, que constituem a base do diagnóstico biológico do enfarte do miocárdio.

f. **Conceito de reperfusão:** a restauração do fluxo coronário nas poucas dezenas de minutos após a oclusão coronária permite evitar a necrose miocárdica. Quarenta minutos, correspondentes às primeiras lesões sarcoplasmáticas, parecem ser um período crucial, uma vez que dentro deste tempo não há necrose no eletrocardiograma e, sobretudo, não há perda irreversível da função contrátil. Por outro lado, a reperfusão tentada nas primeiras quatro horas reduziria marginalmente a necrose, essencialmente nas zonas limítrofes.

g. Conceito de sideração: é um conceito celular relacionado com a dessensibilização das miofibrilas pelo cálcio. O miocárdio necrótico permanece acinético, mesmo que a artéria responsável tenha sido reaberta [31,32].

h. Conceito de hibernação: trata-se de um conceito vascular. Trata-se de anomalias contrácteis (acinesia) relacionadas com hipoperfusão crónica dependente de estenose coronária residual, cuja remoção (bypass ou angioplastia) melhorará significativamente a extensão e o grau desta acinesia [33].

5. Cicatrização: inicia-se cerca de uma semana após o início da isquémia, o colagénio segregado pelos fibroblastos substitui o infiltrado inflamatório, formando a cicatriz fibrosa do enfarte.

Sinais clínicos sugestivos de SCA

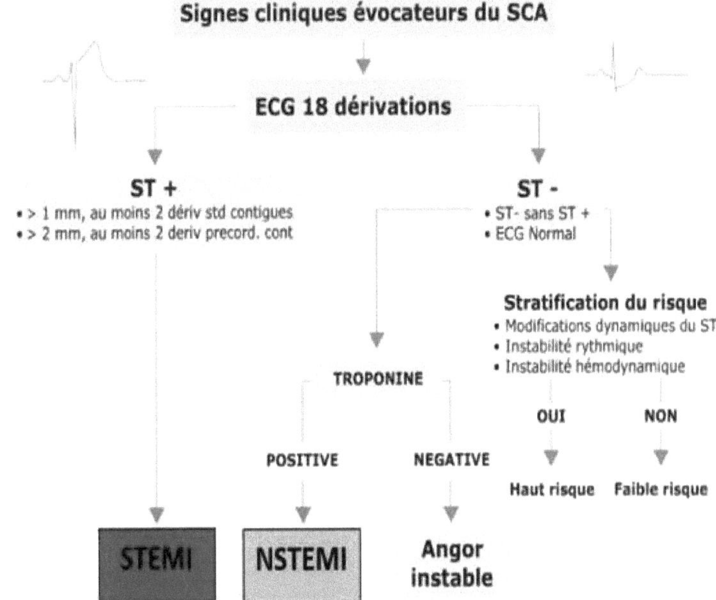

Figura 7: Classificação das SCA e abordagem diagnóstica [41].

D. Nosologia da SCA :

A aterosclerose, a principal causa de morte a nível mundial, é a causa mais comum de enfarte do miocárdio (95%) [10].

O enfarte agudo do miocárdio é uma necrose isquémica sistémica dos miócitos secundária a uma oclusão coronária trombótica aguda.

Exames post-mortem realizados no final do século XIX demonstraram uma relação entre a oclusão trombótica de uma artéria coronária e o enfarte do miocárdio (IM) [34].

No entanto, foi apenas no início do século XX que surgiram as primeiras descrições

clínicas da formação de trombos numa artéria coronária [35, 36].
A teoria da rutura da placa - trombose é um dos mecanismos essenciais na progressão e complicações agudas da aterosclerose. Foi em 1912 que J.B. Herrick descreveu pela primeira vez a associação entre infarto agudo do miocárdio e oclusão trombótica coronariana [37].
Em 1940, J. Duguid, um patologista de Cardiff, reavivou a ideia de que a trombose poderia ser a força motriz da aterosclerose. Em 1958, Jean Lenègre publicou "Heart disease caused by atherosclerosis" (A doença cardíaca causada pela aterosclerose), uma ideia que foi reavivada no início dos anos 80, quando foram realizadas as primeiras angiografias coronárias na fase aguda do enfarte do miocárdio, mostrando a trombose coronária, e depois, no início dos anos 90, com a ecografia endocoronária, mostrando o trombo in vivo no seu leito aterosclerótico.
Uma definição geral e mundial de enfarte ocorreu pela primeira vez nos anos 1950-1970, quando os grupos de trabalho da OMS definiram o enfarte como a combinação de duas de três caraterísticas: dor torácica tipo angina com duração superior a vinte minutos, elevação enzimática e aparecimento de ondas Q de necrose no ECG [38, 39].
O desenvolvimento recente de novas técnicas de imagem para a deteção da necrose (menos de 1 g) e, sobretudo, o aparecimento de novos marcadores de lise dos miócitos muito sensíveis (troponinas I ou T) revolucionaram esta abordagem do enfarte do miocárdio. De facto, desde Desde 2000, uma definição consensual baseada no ECG foi estabelecida pela Sociedade Europeia de Cardiologia e o Colégio Americano de Cardiologia [40], distinguindo entre síndromes coronários agudos com elevação persistente do ST(STEMI) que requerem descontração coronária de emergência e síndromes coronários agudos sem elevação do segmento ST (NSTEMI) [41] onde uma segunda distinção, desta vez biológica, é necessária para dividir o grupo em dois de acordo com a elevação ou não da troponina, distinguindo assim angina instável sem elevação da troponina e enfarte do miocárdio sem elevação do segmento ST (NSTEMI): com elevação da troponina.
Para além do conceito de SCA, o enfarte do miocárdio pode ser classificado em vários tipos de acordo com caraterísticas patológicas, clínicas e de prognóstico.
O princípio foi refinado pela Global MI Task Force, levando ao documento de consenso sobre a definição universal de enfarte do miocárdio em 2007, introduzindo um novo sistema de classificação para o enfarte do miocárdio com 5 subcategorias [42].
Este documento, aprovado pela ESC, o ACC, a American Heart Association (AHA) e a World Heart Federation (WHF), foi adotado pela OMS.
Através deste documento, a Sociedade Europeia de Cardiologia (ESC) e o Colégio Americano de Cardiologia (ACC) colaboraram para redefinir o enfarte do miocárdio através de uma abordagem bioquímica e clínica, beneficiando assim dos avanços científicos na deteção de biomarcadores cardíacos. Foi assim indicado que todas as lesões miocárdicas detectadas por biomarcadores anormais no contexto de isquémia aguda do miocárdio deveriam ser classificadas como EAM [43] e que o termo lesão miocárdica deveria ser utilizado quando houvesse evidência de valores elevados de troponina cardíaca (Tnc), com pelo menos 1 valor acima do percentil 99 do limite superior de referência. Em seguida, é necessário o padrão de aumento e/ou diminuição dos valores de Tnc para que seja considerada aguda.
[ème]A definição mais recente de enfarte do miocárdio foi estabelecida num documento de

consenso sobre as 4 definições universais da ESC/ACC/AHA/WHF publicado em 2018 [44]; os critérios para estabelecer o diagnóstico para cada categoria foram definidos da seguinte forma:

1. **Enfarte do miocárdio tipo 1:** O enfarte **do miocárdio** causado por patologia coronária ateromatosa, geralmente provocado pela rutura da placa ateromatosa (rutura ou erosão), é conhecido como enfarte do tipo 1.

Critérios para identificar o enfarte do tipo 1: deteção de uma subida e/ou descida dos valores de Tnc com pelo menos um valor acima do percentil 99 do valor de referência superior e com pelo menos um dos seguintes :

- Sintomas de isquémia aguda do miocárdioê
- Novas alterações isquémicas no ECG
- O desenvolvimento de ondas Q patológicas
- Evidência imagiológica de nova perda de miocárdio viável ou nova anomalia do movimento da parede compatível com etiologia isquémica.
- Identificação de um trombo coronário por angiografia, incluindo imagiologia ou autópsia.

É essencial integrar os achados do ECG para classificar o enfarte do miocárdio tipo 1 como STEMI ou NSTEMI, de modo a estabelecer o tratamento adequado de acordo com as diretrizes actuais [44].

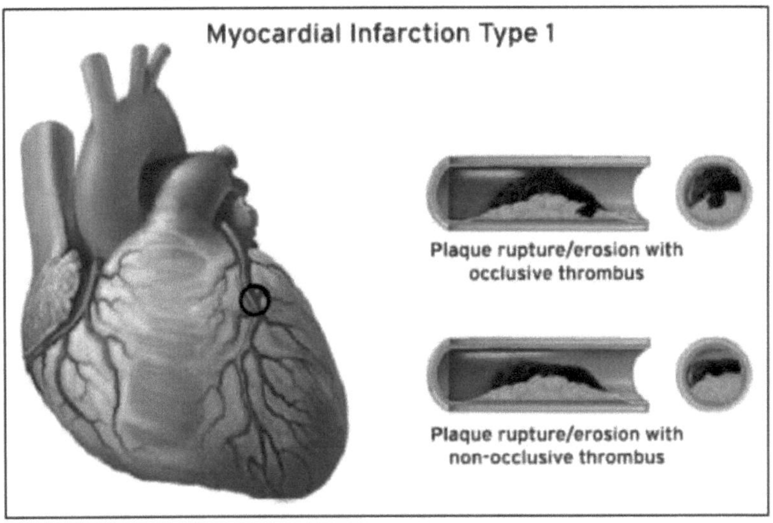

Figura 8: Enfarte do miocárdio de tipo 1

2. **Enfarte do miocárdio tipo 2 :**

O mecanismo fisiopatológico que leva à lesão isquémica do miocárdio como resultado de um desequilíbrio entre a oferta e a procura de oxigénio foi classificado como enfarte do miocárdio tipo 2. A aterosclerose coronária é um achado comum em doentes com enfarte do miocárdio tipo 2. A incidência de elevação do segmento ST no enfarte do miocárdio tipo 2 tem variado entre 3% e 24% [45].

Infarto do miocárdio tipo 2

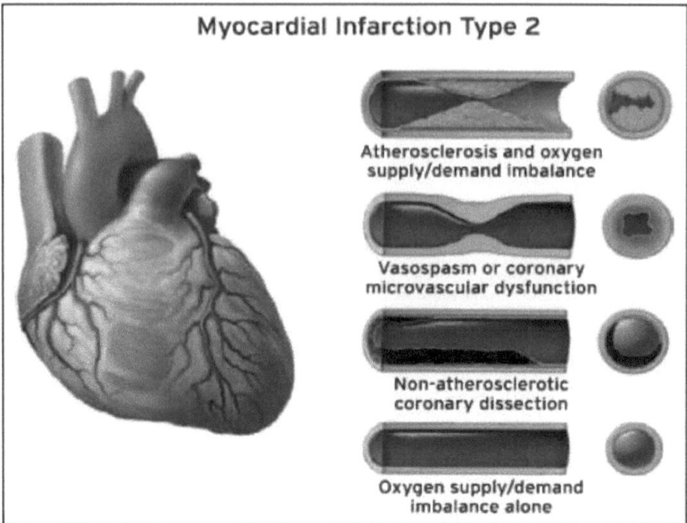

Figura 9: Enfarte do miocárdio tipo 2

Critérios para identificar o enfarte do tipo 2: deteção de uma subida e/ou descida dos valores de Tnc, com pelo menos um valor acima do percentil 99 do valor de referência superior, e evidência de um desequilíbrio entre a procura e a oferta de oxigénio pelo miocárdio, não relacionado com aterotrombose coronária agudaê exigindo pelo menos 1 dos seguintes:

- Sintomas de isquémia aguda do miocárdioê
- Novas alterações isquémicas no ECG
- Desenvolvimento de ondas Q patológicas ;
- Evidência imagiológica de nova perda de miocárdio viável ou nova anomalia de movimento da parede compatível com etiologia isquémica.

3. Enfarte do miocárdio de tipo 3 :

Doentes com morte cardíaca, com sintomas sugestivos de isquémia do miocárdio e novas alterações isquémicas no ECG ou fibrilhação ventricular, mas que morreram antes de se poderem obter amostras de sangue para análise de biomarcadores, ou antes de se poderem identificar aumentos nos biomarcadores cardíacos, ou antes de o enfarte do miocárdio ter sido detectado por autópsia.

4. Outros tipos de enfarte do miocárdio :

- **Tipo 4:** enfarte do miocárdio associado a intervenção coronária percutânea (angioplastia) com 3 subcategorias: tipo 4a, tipo 4b, tipo 4c
- **Tipo 5:** enfarte do miocárdio associado a cirurgia de revascularização do miocárdio.

B. Factores de risco cardiovascular:

1-Idade:

Com a idade, as lesões de aterosclerose afectam cronologicamente as artérias aórticas, coronárias e depois as carótidas. Cinquenta anos para os homens e sessenta para as mulheres é a idade em que o risco de um evento coronário agudo começa a aumentar. No entanto, a tendência atual é para o enfarte afetar pessoas cada vez mais jovens.

2-Sexo:

Está comprovado que os homens estão claramente mais expostos ao risco de DCV. Em cada 100 ataques cardíacos, apenas 20 ocorrem em mulheres. Esta proteção está ligada à influência benéfica dos restrogénios naturais no perfil lipídico, na sensibilidade à insulina e na pressão arterial. Esta proteção desaparece 10 a 15 anos após a menopausa e explica a idade mais tardia de aparecimento das complicações nas mulheres.

3-Hereditariedade coronária:

Uma história familiar de DCV em parentes de primeiro grau é um fator de risco cardiovascular, especialmente se os eventos ocorreram numa idade precoce na família (pai <55 e mãe <65) [46].

4- Fumar :

É uma das mais sérias ameaças à **morbidade e mortalidade cardiovasculares** e à saúde pública mundial [47]. Quer seja ativo ou passivo, o tabagismo potencia outros FRD e afecta todas as fases da aterosclerose, desde a disfunção endotelial até aos eventos clínicos agudos com efeito trombótico [48]. O tabagismo aumenta a inflamação, a trombose e a oxidação das lipoproteínas de baixa densidade. O tabagismo aumenta a degradação do óxido nítrico, que tem um efeito citotóxico no miocárdio. Após a **cessação do tabagismo**, o aumento do risco relativo desaparece em 3 anos e reduz o risco de recorrência da doença coronária em 50% [49].

5- Dieta :

É o fator de risco comportamental mais importante, a seguir ao tabagismo, na determinação do risco coronário. O efeito aterogénico da alimentação baseia-se, em parte, no consumo de ácidos gordos saturados, que aumentam o colesterol LDL. A OMS também recomenda a redução da ingestão **de açúcar para cerca de 25 gramas (6 colheres de chá)** [50] **e de sal para menos de 5 gramas por dia** para baixar a tensão arterial e o risco de DCV, AVC e enfarte [51].

6- Estilo de vida sedentário :

Um estilo de vida sedentário (inatividade física) é a falta de uma atividade física mínima correspondente a um exercício que provoque o aparecimento de falta de ar e uma aceleração do ritmo cardíaco (caminhar, andar de bicicleta) durante 30 minutos ou 3 vezes 10 minutos, todos os dias(). Um estilo de vida sedentário é considerado o quarto principal fator de risco de morte a nível mundial (6%). Estima-se que seja a principal causa de 27% dos casos de diabetes e de cerca de 30% dos casos de doença cardíaca isquémica [52, 53].

7- Obesidade e excesso de peso:

A obesidade foi reconhecida como uma doença em 1997 pela OMS. Esta define o excesso de peso e a obesidade **como "uma acumulação anormal ou excessiva de gordura corporal que pode prejudicar a saúde"** [54]. [2]O indicador de medição utilizado é **o índice de massa corporal** (IMC= peso (kg)/altura (m)). **O perímetro da cintura** é um segundo indicador antropométrico que reflecte a adiposidade abdominal e a resistência à insulina; está melhor correlacionado com o risco de enfarte e morte súbita do que o IMC.

O risco de doença cardíaca isquémica aumenta em 25% nos indivíduos com excesso de peso e em 64% nos indivíduos obesos [55].

8- O stress e o papel do sono :

Quando **o stress** é prolongado e se torna incontrolável, pode levar a uma síndrome de exaustão, combinando forte irritabilidade, desmoralização e falta de energia. **É** acompanhada de **hipercoagulabilidade**, evidenciada por **um aumento dos níveis plasmáticos de fibrinogénio e fator VII e uma redução da fibrinólise** [56]. De acordo com a Fédération Française de Cardiologie (Federação Francesa de Cardiologia), **33% dos ataques cardíacos têm o stress como principal FDR, juntamente com o** tabagismo, a dislipidemia, a diabetes tipo II e a hipertensão [57].

A falta de sono e, nalguns casos, **o sono excessivo**, estão associados a vários problemas de saúde, incluindo as doenças cardiovasculares, a diabetes de tipo 2, a hipertensão, a obesidade e a mortalidade geral. Um estudo publicado em 2019 no Journal of the American College of Cardiology confirma que o sono insuficiente é prejudicial à saúde cardiovascular. Este estudo mostra que as pessoas que dormiam **menos de 6 horas por noite tinham um risco 27% maior de sofrer de aterosclerose** [58].

9- Substâncias psicotrópicas :

A cannabis é a droga mais consumida em todo o mundo, principalmente pelos seus efeitos eufóricos e alucinogénios. **Os efeitos cardiovasculares da cannabis** envolvem a ativação do sistema simpático, a redução da atividade do sistema parassimpático e a ação sobre os receptores canabinóides [59]. A cannabis aumenta o risco de enfarte do miocárdio num fator de 4,8 nos 60 minutos que se seguem à inalação de um cigarro, provavelmente devido a um aumento da procura de oxigénio pelo miocárdio [60].

10- Dislipidemia:

As dislipidemias abrangem todas as perturbações do metabolismo dos lípidos. Podemos descrever: hipercolesterolemia pura; hipertrigliceridemia pura; hiperlipidemia mista: uma combinação das duas.

- A hipoemia do HDL pode estar associada a uma ou outra destas categorias.

A Agence Française de Sécurité Sanitaire des Produits de Santé (2005) considera que um perfil lipídico é normal se - LDL-C $< 1,6$ g/L; HDL-C $> 0,40$ g/L nos homens e $> 0,50$ g/L nas mulheres; - TG $< 1,5$ g/L [61].

A dislipidemia é um importante fator de risco cardiovascular, muitas vezes não diagnosticado [62, 63]. A hipercolesterolemia promove a disfunção endotelial. Ao nível dos lípidos,

a oxidação do LDL aumenta a expressão de moléculas de adesão nas células de superfície do endotélio, enquanto o colesterol HDL a inibe. Além disso, o HDL favorece a vasodilatação das artérias coronárias.

11- Hipertensão :

O aumento contínuo e prolongado da pressão favorece a lesão da íntima e o desenvolvimento da placa aterosclerótica [64, 65]. Por outro lado, o aumento da pressão nas paredes vasculares actua provocando a rutura da placa aterosclerótica, que é a causa das complicações agudas (enfarte e acidente vascular cerebral). Estudos sobre a doença isquémica do coração mostram que a incidência da hipertensão ultrapassa os 44% [66] e aumenta para mais de 75% em doentes com mais de 65 anos [67, 68]. Foi demonstrado que a pressão arterial elevada aumenta o risco de um evento cardíaco por um fator de 6 [69].

12- Diabetes :

A OMS define-a como glicose venosa em jejum **>1,26 g/L** ou glicose venosa aleatória **>2 g/L** ou glicose venosa **>2 g/L** duas horas após a ingestão de 75 g de glicose. Um nível de HBA1C **>6,5%** foi acrescentado a esta definição [70, 71].

A diabetes é simultaneamente uma doença crónica e um FRDCV importante. A diabetes tipo II conduz à disfunção das células musculares lisas, a anomalias pró-trombóticas e à inflamação. **Os doentes diabéticos correm um maior risco de mortalidade e morbilidade cardiovasculares.** Entre os pacientes hospitalizados por SCA, 30-40% têm diabetes e 25-36% têm glicemia de jejum alterada ou tolerância à glicose diminuída [72]. Existe uma correlação linear altamente significativa entre a HbA1c e o risco de enfarte do miocárdio [73]. Além disso, a diabetes é um fator de mau prognóstico após SCA [74]. A diabetes aumenta o risco de doença coronária por um fator de 2 a 4 [75]. O diabetes **é um preditor independente de mortalidade e infarto recorrente.**

13- Síndrome metabólica :

A síndrome metabólica (SM) é um grupo de sintomas resultantes de perturbações metabólicas. É cada vez mais considerada como **um importante problema de saúde pública** [76, 77].

De acordo com a IDF, uma pessoa tem DM [78] quando **tem obesidade abdominal** (um perímetro da cintura superior a 94 cm nos homens e 80 nas mulheres) e pelo menos dois dos seguintes factores: - TG > 1,5 g/L

- **HDL< 0,4 g/L** nos homens e O,5 g/L nas mulheres.
- **PA** > ou igual a 130/85 mmHg ou **hipertensão conhecida e tratada.**
- **glicemia venosa** = ou > 5,6 mmol/L ou presença **de diabetes tipo 2.**

No estudo finlandês Isomaa [79], **a presença de SM aumentou o risco relativo de eventos coronários por um fator de 3 ($p<0,001$) e aumentou a mortalidade cardiovascular (12,0% em comparação com 2,2% na ausência de SM).**

14- Insuficiência renal crónica:

A prevalência da **doença renal crónica** continua a aumentar em todo o mundo devido ao envelhecimento da população e ao aumento da incidência da diabetes mellitus tipo 2 e da hipertensão [80, 82]. É também **um fator de risco independente para a mortalidade e morbilidade cardiovasculares** [83, 84].

Mesmo a DRC moderada aumenta o risco **cardiovascular** por um fator de 3 a 5.

C. Epidemiologia das síndromes coronárias agudas :

A epidemiologia das SCA é de grande interesse para a saúde pública. A doença isquémica do coração é atualmente a principal causa de morte e de anos de vida perdidos em todo o mundo [85].

Em 2015, cerca de 17,7 milhões de mortes (45% de todas as mortes relacionadas com as DNT) em todo o mundo foram causadas por doenças cardiovasculares (31% da mortalidade global total).

Mais de três quartos das mortes relacionadas com as DCV ocorrem em **países de baixo e médio rendimento** (dados de 2015) [86].

As doenças isquémicas do coração **e os acidentes vasculares cerebrais** foram responsáveis por um total de 15,2 milhões de mortes em 2016. Continuaram a ser **as principais causas de morte a nível mundial nos últimos 15 anos** (ver Figura 10) [87] (90).

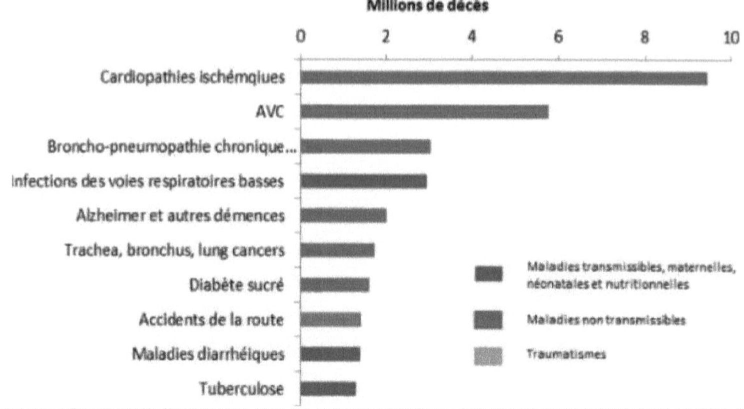

Fonte Gota н terra E somates 2016: ¡Mortes ty Causa. Idade. Se", by Country and by Pegicn, 2000-2015. Geneva. Organização Mundial da Saúde; 2018

Figura 10: As 10 principais causas de morte a nível mundial, 2016[87].

Verifica-se uma tendência decrescente da mortalidade e da incidência de DCV nos países desenvolvidos, em resultado de estratégias eficazes de prevenção primária e de gestão [88, 89].

Embora as taxas de mortalidade cardiovascular específicas por idade tenham melhorado significativamente nos países de baixo e médio rendimento, continuam a ser muito mais elevadas do que nos países de elevado rendimento.

Em França, ocorrem 100.000 casos de SCA ST+ por ano. A incidência anual de STEMI hospitalizado antes das 24 horas é de cerca de 35.000 casos. A mortalidade aos 30 dias diminuiu de 13,7% em 1995 para 4,4% em 2010. Essa redução está provavelmente relacionada a mudanças no manejo: menor tempo para chamar o SME (de 120 para 74 minutos) com manejo mais precoce; aumento da reperfusão (de 49,4% para 74,7%) [90].

Na Argélia, foi criado pelo Instituto Nacional de Saúde Pública (INSP), em 1995, um sistema central de registo das causas de morte. A análise das causas de morte em 2002 mostra que as mortes devidas a doenças não transmissíveis ocupam o primeiro lugar, com uma taxa de 58,5%. No grupo das DCNT, a patologia cardiovascular foi a principal causa de morte, representando 44,5% [91].

De acordo com o estudo TAHINA de 2002, 38,7% das mortes na Argélia ocorrem depois dos 70 anos de idade. As doenças cardiovasculares são a principal causa de morte. De 26,2% da população geral, a proporção de mortes atingiu 40% na faixa etária acima dos 45 anos.

Em 2013, foram registados e tratados pelo INSP 13.621 óbitos secundários a doenças do aparelho circulatório, o que corresponde a uma proporção de 21,6% (primeiro lugar) de todos os óbitos ocorridos a nível nacional [92]. O estudo da incidência anual de SCA ST+ em 2013 na Argélia ocidental, calculada na população adulta com mais de 20 anos, foi de 34/100 000 habitantes, e o registo RECORD dos doentes com SCA internados no Hospital Universitário Hussein-Dey em 2013 encontrou uma taxa de mortalidade hospitalar de 9,1% para SCA ST+ (e 2% para SCA ST-). O registo "RECORd", na sua análise de 2014, mostra que 842 doentes com síndrome coronária aguda foram hospitalizados no departamento, 505 casos de SCA com elevação do segmento ST e 337 sem elevação do segmento ST (rácio de 1,49). Uma estimativa nacional baseada nesses dados sugere que há

24.000 SCA por ano na Argélia (15.000 SCA ST+ por ano e 9.000 SCA ST- por ano) [93].

Entre fevereiro de 2014 e julho de 2015, 467 doentes com síndrome coronária aguda com supradesnivelamento do segmento ST foram hospitalizados no CHU Hussein Dey, com um rácio entre sexos de 4,36. A idade média foi de 60,18 ± 12,62 anos (extremos 23 e 93 anos). A idade média das mulheres era de 66,56 anos, enquanto a dos homens era de 58,71 anos. A taxa de letalidade hospitalar em 48 horas foi de 3,64% [94]. Em 2016, de acordo com dados da OMS, as DNT (doenças cardiovasculares (DCV), cancros, doenças respiratórias crónicas e diabetes) representaram 76% de todas as mortes na Argélia, ou seja, 144 000 mortes. A mortalidade proporcional por DCV foi de 36%. A probabilidade de morrer entre os 30 e os 70 anos de idade devido a uma das 4 principais DNT é de 14% (15% para os homens e 13% para as mulheres) [92].

D. Diagnóstico de STEMI :

1 Estratégia de diagnóstico :

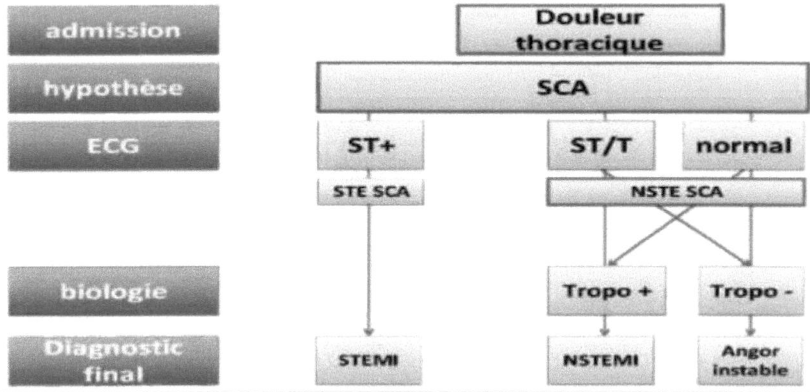

Figura 11: Classificação da Sca [41].

A SCA é uma entidade clínica que agrupa a isquémia miocárdica nas suas antigas terminologias: angina instável, enfarte do miocárdio sem onda Q e enfarte do miocárdio com onda Q. Na ausência de elevação de troponina, utiliza-se o termo angina instável [95].

A SCA é uma patologia que se observa em todo o mundo [96]. A sua prevalência é de 5-20% na Europa e 13,5% em África [97, 98].

Constitui uma emergência diagnóstica e terapêutica que pode pôr em risco a vida a curto prazo. A mortalidade é considerável, de 16-20% nas primeiras horas [99].

Quando um doente se queixa de dores no peito, o principal objetivo é detetar a presença de sinais de gravidade que exijam tratamento específico urgente e determinar o diagnóstico da causa.

b. Procurar sinais de seriedade :

Estes são :

- Sinais respiratórios: dispneia com elementos de gravidade, cianose, sudação, correntes de ar

balanço supraesternal, supra-clavicular, toraco-abdominal, incapacidade de falar, saturação arterial de oxigénio inferior a 90%;

- Sinais hemodinâmicos: taquicardia, perturbações do ritmo, hipotensão sinais de hipoperfusão periférica (manchas, prolongamento do tempo de recoloração da pele) ou mesmo paragem cardiocirculatória;
- Sinais neurológicos: confusão, agitação, perturbação da consciência, coma.

Na presença destes sinais, é necessário um tratamento sintomático urgente antes do diagnóstico.

c. Procura de um diagnóstico que exija um tratamento específico e urgente:

Devem ser considerados quatro diagnósticos:

- Dissecção da aorta ;
- Embolia pulmonar com sinais de gravidade ;
- Tamponamento ;
- SCA com elevação do segmento ST.

Requerem um tratamento urgente, cuja estratégia de implementação inclui o encaminhamento para a estrutura de cuidados adequada ao estado do doente. São responsáveis pela maior parte dos tratamentos iniciais.

d. Abordagem de diagnóstico :

Na presença de dor torácica, a estratégia de diagnóstico assenta essencialmente na clínica e no eletrocardiograma. No entanto, recentemente, a possibilidade de realizar ensaios biológicos (enzimologia, péptido natriurético B, d-dímero, etc.) ou ecografias logo na fase pré-hospitalar permite obter um diagnóstico preciso que permite tomar decisões terapêuticas rápidas.

e. Diagnóstico da síndrome coronária aguda :

O diagnóstico de SCA é baseado em pesquisas [100]:

- factores de risco cardiovascular: antecedentes familiares, sexo masculino, idade avançada, tabagismo, diabetes, hipertensão arterial, colesterol elevado, etc.
- as circunstâncias em que a dor ocorre, normalmente em repouso pela manhã, mas por vezes precedida de outros episódios dolorosos. Pode também tratar-se de uma dor que surge com o esforço, ou de uma angina previamente conhecida que se tornou instável, ou seja, com ataques mais frequentes e/ou desencadeados por um esforço menor e/ou que responde menos ao nitróxido;
- caraterísticas da dor, tipicamente retroesternal, constritiva, com irradiação cervical, escapular ou braquial. Por definição, a dor persiste durante mais de 20 minutos;
- O exame clínico, tipicamente normal, serve sobretudo para excluir outro diagnóstico: tensão arterial normal e simétrica, auscultação cardíaca e pulmonar normais, pulsos periféricos perceptíveis, gémeos flexíveis e indolores, etc. O exame clínico também pode ser utilizado para procurar complicações, como taquicardia, redema pulmonar agudo ou choque cardiogénico, que indicam uma má tolerância clínica;
- O eletrocardiograma, que tem um papel importante na suspeita de SCA [101]. Em primeiro lugar, porque na maioria dos casos vai confirmar a lesão coronária e, em segundo lugar, porque permite classificar os doentes de acordo com a presença ou não de elevação do segmento ST. Esta classificação dá origem a diferentes estratégias terapêuticas. Num contexto de dor torácica sugestiva, a presença de supradesnivelamento do segmento ST (em pelo menos duas derivações do mesmo território coronário) confirma o diagnóstico de

enfarte, levanta a suspeita do território vascular coronário afetado e indica a necessidade urgente de implementar uma estratégia de reperfusão. Recorde-se que determinadas situações, como o bloqueio de ramo direito, o bloqueio de ramo esquerdo ou a electroentrada (ver abaixo), não excluem o diagnóstico de SCA com elevação do segmento ST. A presença de uma onda em espelho ou mesmo de uma onda Q aumenta a probabilidade do diagnóstico.

Mais recentemente, foram descritos alguns sinais favoráveis ao diagnóstico de SCA com supradesnivelamento do segmento ST:

- Sinais de Sgarbossa, utilizados para confirmar a presença de um supradesnivelamento de ST na presença de bloqueio de ramo esquerdo (ou electroentrainment): perda de discordância entre os complexos QRS e a repolarização ou a existência de um "supradesnivelamento de ST" (maior que 5 mm) nas derivações precordiais direitas [102-104];
- A presença de QRS "fracturado", QRS apresentando
baixa amplitude, ganchos recortados que se assemelham a artefactos. Estes sinais foram associados à cicatrização do enfarte com uma sensibilidade, especificidade e valor preditivo negativo de 87%, 89% e 93% respetivamente (superiores aos da onda Q) [104];
- A presença de infradesnivelamento do segmento ST nas derivações precordiais anteriores, o que indica um enfarte posterior [105].

Outras anomalias electrocardiográficas: ondas T amplas, positivas, nítidas e simétricas ou, pelo contrário, ondas T invertidas, sinais de isquémia; sub-deslocamento do segmento ST; elevação transitória do segmento ST ou, mais tarde, a presença de uma onda Q patológica (mais de 0,04 segundos e mais de um terço da amplitude do complexo QRS) permitem classificar o doente como tendo SCA sem elevação do segmento ST. A prioridade é então dada à avaliação do risco. Neste contexto, a abordagem diagnóstica é frequentemente complementada por testes biológicos, nomeadamente enzimáticos (troponina). Qualquer que seja o critério ou score utilizado (critérios ESC, score TIMI ou score GRACE), a estratificação de risco nestes doentes é impossível [106-108]. Quando o risco é elevado, uma estratégia invasiva combinando a administração de um anti-GPIIb/IIIa e a angiografia coronária precoce pode ser útil [109, 110].

a. História de caso :

É utilizada para registar as caraterísticas da dor torácica. Trata-se de uma dor anginosa, que dura mais de trinta minutos, é ampla, retroesternal e irradia para o braço esquerdo, por vezes para os dois braços ou para a mandíbula ou interescapular. Esta dor ocorre geralmente em repouso, resiste aos derivados do nitrato sublingual, é muito angustiante e acompanhada de sudação, podendo por vezes atingir um paroxismo. Para efeitos de reperfusão, deve ser tomado como ponto de referência o momento do início da última dor prolongada.

No entanto, as formas atípicas de dor são frequentemente encontradas em diabéticos, idosos e mulheres.

b. Caraterísticas clínicas :

A SCA ST+ corresponde **à necrose isquémica** de uma região do miocárdio associada à **oclusão completa e prolongada de** uma artéria coronária. A sua manifestação clínica é uma dor retroesternal intensa, constritiva e prolongada (> 20 a 30 minutos), com irradiação para os maxilares e vasos do pescoço, ocorrendo mais frequentemente em repouso. É uma dor **nitrorresistente**, mas o teste diagnóstico (trinitrina sublingual), útil nos casos de dor atípica, está contraindicado nos casos de enfarte do ventrículo direito e pressão arterial sistólica inferior a 90 mmHg, assim como não é recomendado nos casos de enfarte inferior.

O exame físico é particularmente útil para detetar as formas complicadas (insuficiência ventricular, complicações mecânicas, etc.).

c. Eletrocardiografia :

Várias anomalias do ECG sucedem-se nas primeiras horas: isquémia subendocárdica, corrente de lesão subepicárdica (onda de Pardee) associada a imagens em espelho, depois onda Q de necrose.

Durante a primeira hora de um enfarte do miocárdio, pode ser observada uma onda T amplamente positiva e nítida, correspondente a isquémia subendocárdica. Infelizmente, este sinal precoce é muito efémero. O sinal eletrocardiográfico patognomónico de um enfarte em desenvolvimento é uma elevação do segmento ST de pelo menos um milímetro nas derivações frontais e de pelo menos dois milímetros nas derivações precordiais, convexa para cima e englobando a onda T, produzindo a clássica onda de Pardee. Este sinal, juntamente com a dor torácica, é suficiente para iniciar uma estratégia de reperfusão medicamentosa de emergência na ausência de contra-indicações. É habitual um sub-deslocamento em espelho nas derivações diametralmente opostas às do enfarte. A onda Q de necrose aparece habitualmente entre a quarta e a sexta hora e, por vezes, a necrose pode ser reflectida por um "aplanamento" das ondas R no mesmo território.

d. Ensaio da troponina :

As troponinas são o biomarcador de referência para os enfartes causados pela rutura de placas. A sua elevação significativa reflecte o catabolismo das células do miocárdio ou do músculo estriado. O complexo das troponinas é constituído por 3 subunidades - troponina C, troponina I, troponina T - que se encontram no filamento fino (actina) do aparelho contrátil dos músculos estriados esqueléticos e cardíacos. Estas proteínas regulam a interação actina-miosina durante a contração muscular. As isoformas cardíacas das troponinas I e T (cTn I, cTn T) só são expressas no músculo cardíaco. As troponinas comuns aparecem por volta da quarta hora de dor, com um pico na décima segunda hora (sensibilidade de 100%, especificidade de 94%) e permanecem elevadas durante dez dias na ausência de reperfusão (sinais de necrose das células do miocárdio, as troponinas são libertadas após 4 h, com um pico por volta das 14 h, a elevação persiste 75 a 140 h para a troponina I e mais de 10 dias para a troponina T). Estas elevações são proporcionais à extensão do enfarte. São aceleradas pela reperfusão (trombólise ou angioplastia).

Com o aparecimento do ensaio de troponina hipersensível (hs), são detectáveis taxas mais baixas de lesão miocárdica na primeira hora, se for utilizado um teste de alta sensibilidade.

e. Ecocardiografia :

Nesta fase, a ecocardiografia pode ser utilizada para determinar a localização e a extensão das alterações da cinética segmentar que caracterizam o enfarte do miocárdio, bem como para avaliar a função global do ventrículo esquerdo através do método de Simpson. Pode também ser detectada hipercinesia compensatória das paredes que se encontram em frente à parede necrótica. A ecocardiografia também permite procurar uma complicação mecânica ou um trombo na zona acinética.

f. Avaliação dos riscos :

O risco de complicações pode variar significativamente, dependendo dos parâmetros clínicos e biológicos apresentados pelos doentes. Vários escores de estratificação de risco têm sido desenvolvidos a partir de dados de registos. No contexto das SCAs ST+, os escores são úteis para avaliar o prognóstico a médio e longo prazo [111].

As pontuações atualmente recomendadas são :

f1. Pontuação de risco TIMI :

Este score tem valor prognóstico para ponderar a gravidade do enfarte em cada doente e o seu risco de mortalidade em D30 de SCA ST+. Continua a ser útil na prática para identificar os doentes com risco coronário elevado e engloba vários parâmetros (Tabela 1):

- **Clínica** (idade, peso, antecedentes de diabetes, hipertensão ou angina, topografia do enfarte),
- **Hemodinâmica** (pressão arterial, frequência cardíaca e grau Killip) e tempo de trombólise.

Tabela I: Cálculo do risco TIMI para SCA ST+ de Morrow DA et al [113].

Factores de risco	Número de pontos
Idade 65-74 / > 75	**2 / 3**
Tensão arterial sistólica < 100	**3**
Frequência cardíaca > 100	**2**
Kilip II-IV	**2**
Sus-ST anterior ou BBG	**1**
Diabetes, hipertensão ou angina	**1**
Peso < 67 kg	**1**
Tempo entre a dor e o tratamento > 4 horas	**1**
Cálculo da pontuação de risco TIMI ST+ (pontos cumulativos)	**Mortalidade aos 30 dias (% do total)**
0	**0.8**
1	**1.6**
2	**2.2**
3	**4.4**
4	**7.3**
5	**12.4**
6	**16.1**
7	**23.4**
8	**26.8**
> 8	**35.9**

f2. A pontuação GRACE :

Desenvolvido a partir de um registo internacional de doentes hospitalizados por SCA (ST+ ou não ST+), baseia-se em vários critérios clínicos, biológicos e electrocardiográficos. É utilizado para avaliar o risco de morte ou enfarte no hospital e a médio prazo (6 meses).

No entanto, a complexidade do cálculo desta pontuação requer a utilização de um computador ou de um smartphone, o que dificulta a sua utilização, particularmente em ambientes pré-hospitalares [112].

E. Tratamento da SCA com supradesnivelamento do segmento ST :

I. Informações actuais sobre o assunto :

O STEMI é uma emergência coronária extrema que requer um tratamento precoce e adequado. A síndrome coronária aguda (SCA) ocorre três a quatro vezes mais frequentemente nos homens do que nas mulheres com menos de 60 anos. Após uma oclusão coronária, a rapidez com que se instala a isquémia e depois a necrose miocárdica obriga a uma desobstrução urgente para evitar as duas principais complicações, que são a morte súbita do doente ou a necrose do território isquémico.

Para atingir este objetivo terapêutico, são utilizados dois tipos de desobstrução coronária para restabelecer o fluxo e aliviar a isquémia:

- Angioplastia primária: deve ser efectuada idealmente nos primeiros 120 minutos; é eficaz em mais de 90% dos casos [289, 290], mas requer a disponibilidade de uma sala de cateterismo e de uma unidade de cuidados intensivos cardíacos (USIC) [284, 285];
- ou trombólise, que é fácil de realizar em qualquer local durante as primeiras 12 horas, mas só é eficaz em 60% dos casos [286, 287]. O prognóstico da trombólise melhora ainda mais se for iniciada precocemente, especialmente no ambiente pré-hospitalar [288-291]; ela é indicada independentemente da idade, sexo ou condição do paciente de alto risco [292] ou mesmo em choque [293].

II. Estratégia:

Todos os doentes que apresentem um STEMI devem ser tratados de acordo com o seu nível de risco isquémico e hemorrágico. O tratamento de emergência e o transporte devem ser organizados com o objetivo de realizar um procedimento **de reperfusão nas primeiras horas para** todos os doentes com SCA ST+ **com menos de 12 horas.** Os objectivos do tratamento terapêutico são a redução da mortalidade, a prevenção de complicações e o alívio da dor.

Na ausência de uma reperfusão urgente, as complicações podem ser **hemodinâmicas** (insuficiência cardíaca aguda, choque cardiogénico), **rítmicas** (morte súbita por fibrilhação ventricular, taquicardia ventricular ou assistolia), **mecânicas** (rutura da parede levando a defeito do septo ventricular ou tamponamento, rutura do pilar mitral causando insuficiência mitral maciça) ou **tromboembólicas.**

3. O tratamento de urgência da toxicodependência combina :

- analgésicos à base de morfina ;
- oxigenoterapia (se SaO2 < 95%);
- dupla antiagregação plaquetária (de acordo com as recomendações da Sociedade Europeia de Cardiologia 2017): na ausência de contraindicação específica, o Ticagrelor ou o Prasugrel são recomendados como tratamento de primeira linha, combinados com Aspirina. Em caso de trombólise, apenas o clopidogrel é recomendado e um revezamento com ticagrelor ou prasugrel pode ser proposto a partir do dia 3 [114];
- um anticoagulante: heparina não fraccionada ou enoxaparina.

A estratégia de reperfusão coronária depende do **tempo de evolução do enfarte e** do **tempo necessário para a realização da angioplastia.**

4. Angioplastia primária: é a terapia de reperfusão recomendada de escolha no STEMI, se realizada por uma equipa experiente no prazo de **120 minutos** após o contacto médico inicial. Na maioria dos casos, o procedimento é completado com a inserção de um **stent** metálico (ver Figuras 12 e 13).

Ensaios clínicos aleatórios que compararam a angioplastia primária efectuada atempadamente, em centros experientes com um elevado volume de procedimentos de intervenção, com a fibrinólise hospitalar, demonstraram repetidamente que que a primeira terapia de reperfusão foi superior à segunda [117-120].

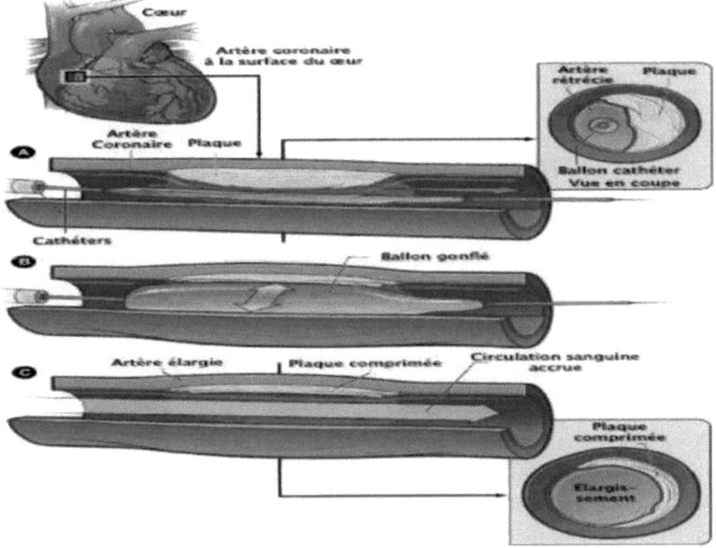

Figura 12: Angioplastia sem colocação de stent [115].

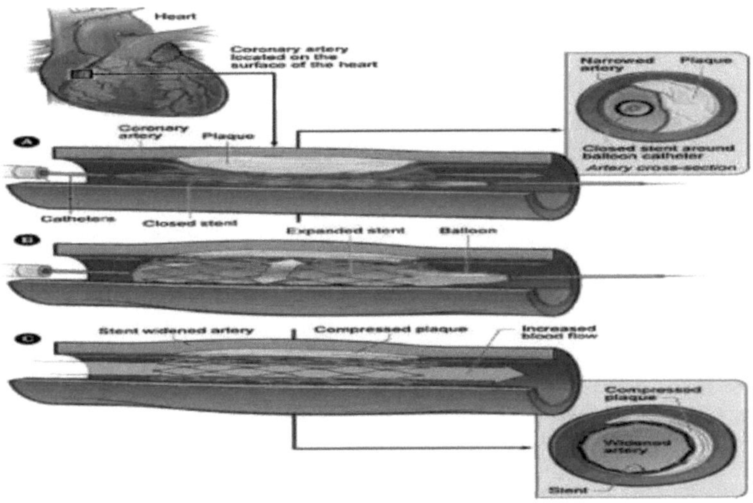

Figura 13: Angioplastia com colocação de stent [116].

5. **A fibrinólise intravenosa** é administrada se o tempo necessário para efetuar uma angioplastia após um ECG qualificado não puder ser cumprido. Os benefícios da fibrinólise estão bem estabelecidos em comparação com o placebo. Previne aproximadamente 30 mortes por cada 1000 doentes tratados no prazo de 6 horas após o

início dos sintomas. Se possível, a fibrinólise deve ser iniciada no pré-hospitalar. Quanto mais tarde o paciente se apresentar [121-123], mais se deve considerar a transferência do paciente para ICP, pois a eficácia e o benefício clínico da fibrinólise diminuem à medida que o tempo para o início dos sintomas aumenta.

6. **Fibrinólise pré-hospitalar:** Numa meta-análise de seis ensaios aleatórios, a fibrinólise pré-hospitalar reduziu a mortalidade precoce em 17% em comparação com a fibrinólise hospitalar, com uma economia de tempo de aproximadamente 60 minutos [124], particularmente quando administrada nas primeiras 2 horas após o início dos sintomas (redução de 44% na mortalidade nas primeiras 2 horas em comparação com 22% depois disso) [125]. Esses dados apóiam o início pré-hospitalar do tratamento fibrinolítico quando uma estratégia de reperfusão é indicada [126-128]. Se o pessoal médico ou paramédico no local for treinado e capaz de analisar o ECG no local ou transmitir o ECG para o hospital para interpretação, recomenda-se que a terapia fibrinolítica seja iniciada no pré-hospitalar. O objetivo é iniciar a terapia fibrinolítica dentro de 10 minutos após o diagnóstico de STEMI [129].

7. **Angiografia e intervenção coronária percutânea após fibrinólise :**

Após o início da terapia lítica, recomenda-se que os pacientes sejam transferidos para um centro de ICP. Se a fibrinólise falhar, ou se houver evidência de reoclusão ou reinfarto com recorrência do supradesnivelamento de ST, a angiografia imediata e a ICP de resgate estão indicadas [130].

Mesmo que a fibrinólise seja bem sucedida (resolução do segmento ST >50% aos 60-90 minutos, arritmia típica de reperfusão e desaparecimento da dor torácica), uma estratégia de angiografia sistemática precoce é recomendada se não houver contra-indicações. Vários ensaios aleatórios [131-135] e meta-análises [136,137] mostraram que a angiografia sistemática precoce seguida de ICP (se necessário) após fibrinólise reduz as taxas de reinfarto e isquemia recorrente. Assim, a angiografia precoce seguida de ICP, se necessário, também é o padrão de tratamento recomendado após a fibrinólise bem-sucedida.

Uma questão crucial é o tempo ideal entre a fibrinólise bem-sucedida e a ICP. O tempo varia consideravelmente de um estudo para outro, variando de uma mediana de 1,3 h no estudo CAPITAL AMI [134] a 17 h nos estudos GRACIA1 [135] e STREAM [138].

Numa análise de seis ensaios aleatorizados, a angiografia muito precoce (<2 h) após a fibrinólise não foi associada a um aumento do risco de morte/reinfarto aos 30 dias ou de hemorragia major, e um tempo mais curto desde o início dos sintomas até à angiografia (<4 h) foi associado a uma redução do risco de morte/reinfarto aos 30 dias e 1 ano e de isquemia recorrente aos 30 dias [139]. Com base nesta análise, e em ensaios em que o tempo médio entre o início da trombólise e a angiografia foi de 2-17 h [138, 131, 132, 133], recomenda-se uma janela de tempo de 2-24 h após a fibrinólise bem sucedida [129].

Quadro II: Tempos-alvo de acordo com as recomendações do CES de 2017

Intervalos	Horários previstos
Tempo máximo entre o primeiro contacto médico, o ECG e o diagnóstico	< 10min
Tempo máximo esperado entre o diagnóstico de STEMI e a angioplastia primária (passagem do fio) para escolher a estratégia de	< 120 minutos

angioplastia primária em vez de fibrinólise (se este tempo alvo não puder ser cumprido, considerar a fibrinólise)	
Tempo máximo desde o diagnóstico de STEMI até à passagem do fio em doentes que se apresentam em hospitais que efectuam angioplastia primária	< 60min
Tempo máximo entre o diagnóstico de STEMI e a passagem do fio em pacientes transferidos	< 90min
Tempo máximo desde o diagnóstico de STEMI até ao início do bólus ou infusão de fibrinólise em doentes incapazes de cumprir os tempos-alvo para angioplastia primária	< 10min
Tempo entre o início da fibrinólise e a avaliação da sua eficácia (sucesso ou insucesso)	60-90min
Tempo entre o início da fibrinólise e a angiografia (se a fibrinólise for bem sucedida)	2-24 horas

8. Tratamento médico concomitante

Além da terapia de reperfusão precoce, uma variedade de drogas é recomendada para pacientes com IAMCSST pelas diretrizes internacionais [129,140]. A escolha da terapêutica anticoagulante e antiplaquetária depende da estratégia de reperfusão e dos riscos isquémico e hemorrágico do doente.

a. Tratamento anticoagulante.

O tratamento anticoagulante tem como objetivo inibir a formação e a atividade da trombina, que desempenha um papel importante na fisiopatologia do EAMCST. Várias opções estão disponíveis para fornecer anticoagulação rápida e eficaz para pacientes com IAMCSST tratados com ICP primária. A antitrombina III (AT3) é um peptídeo que inibe vários dos fatores de coagulação ativados. A heparina não fraccionada liga-se à AT3 e aumenta a sua atividade, tendo também um certo efeito inibitório sobre os factores de coagulação IXa, XIa e XIIa. A enoxaparina é uma heparina de baixo peso molecular e também se liga ao AT3. Na ICP primária, esses agentes devem ser administrados por via intravenosa [129,140]. Enquanto a dose de heparina não fraccionada deve ser ajustada com base no tempo de tromboplastina parcial activada, a enoxaparina não requer monitorização e é administrada em bolus único.

A dosagem de HNF deve seguir a recomendação padrão para ICP (ou seja, bolus inicial de 70-100 U/kg). Um bólus I.V. de enoxaparina 0,5mg/kg foi comparado com a HNF no ensaio aleatório ATOLL, incluindo 910 doentes com STEMI [141], a enoxaparina I.V. foi superior à HNF na redução de eventos isquémicos, mortalidade e hemorragia major [142]. Numa meta-análise de 23 ensaios de ICP, a enoxaparina foi associada a uma redução significativa de morte e hemorragia major em comparação com a HNF. Este efeito foi particularmente significativo no contexto da ICP primária [143]. Com base nestas considerações, a enoxaparina deve ser considerada no IAMCSST.

A bivalirudina é um inibidor direto da trombina e pode ser utilizada em doentes com elevado risco de hemorragia ou com trombocitopenia induzida pela heparina.

A menos que exista uma indicação clara para a continuação do tratamento anticoagulante (fibrilhação auricular, prótese valvular mecânica ou trombo intraventricular, entre outros), o tratamento anticoagulante curativo não está geralmente indicado após a ICP. Doses profiláticas para prevenção de tromboembolismo venoso podem ser indicadas em pacientes em repouso prolongado no leito [129].

Os pacientes que recebem fibrinólise também devem receber terapia anticoagulante até que a ICP seja realizada (se possível) ou durante o período de internação hospitalar (mas não excedendo 8 dias). A enoxaparina é preferível à heparina não fraccionada; em doentes tratados com estreptoquinase, o fondaparinux só deve ser utilizado com estreptoquinase [129].

No ensaio ATLAS ACS 2-TIMI 52, o rivaroxabano em dose baixa (2,5 mg duas vezes por dia), para além da aspirina e do clopidogrel, reduziu a morte cardiovascular, o enfarte do miocárdio, o acidente vascular cerebral e a mortalidade por todas as causas num seguimento médio de 13 meses [144]. A trombose do stent foi reduzida em um terço. No entanto, isto foi associado a um aumento de três vezes no risco de hemorragia major, particularmente hemorragia intracraniana [144].

De acordo com o mesmo estudo, em doentes selecionados com baixo risco de hemorragia, o rivaroxabano 2,5 mg pode ser considerado em doentes em terapêutica antiplaquetária dupla após STEMI.

b. Tratamento antiplaquetário.

Os agentes antiplaquetários têm como objetivo impedir que as plaquetas formem um trombo e são, por isso, essenciais para o tratamento de doentes durante e após o STEMI. O padrão de cuidados para a terapia antiplaquetária no IAMCSST é a terapia antiplaquetária dupla oral, combinando aspirina por toda a vida e um inibidor oral do recetor P2Y12 (P2Y12; o recetor predominante na agregação plaquetária prolongada estimulada pelo ADP) [145], que, como regra geral, deve ser usado por 12 meses [146].

Foram publicadas diretrizes pormenorizadas sobre a duração ideal da terapêutica antiplaquetária dupla [147, 148].

Em todos os doentes, a aspirina deve ser administrada como dose de carga logo que possível após o diagnóstico, e o tratamento deve ser mantido numa dose baixa (75-100 mg).

A aspirina pode ser administrada por via oral ou como dose de carga intravenosa para garantir a inibição completa do tromboxano A2, do qual depende a agregação plaquetária.

A dose de carga de aspirina oral deve ser preferencialmente de 150 a 300 mg. Existem poucos dados clínicos sobre a dose i.v. ideal. Um ensaio aleatório mostrou que uma dose única de 250 ou 500 mg de ácido acetilsalicílico por via intravenosa, comparada com 300 mg por via oral, estava associada a uma inibição mais rápida e completa da produção de tromboxano e da agregação plaquetária aos 5 minutos, com taxas comparáveis de complicações hemorrágicas [149].

As evidências sobre o melhor momento para administrar o inibidor P2Y12 são limitadas. O estudo ATLANTIC (Administration of Ticagrelor in the Cath Lab or in the Ambulance for New ST Elevation Myocardial Infarction to Open the Coronary Artery) [150] é o único estudo aleatório que testa a segurança e a eficácia de diferentes momentos de início do inibidor P2Y12 no STEMI. O início precoce da terapia com inibidores P2Y12 durante o transporte do paciente para um centro primário de ICP é uma prática comum na Europa e é consistente com os dados farmacocinéticos.

Além disso, o tratamento precoce com clopidogrel em doses elevadas demonstrou ser superior ao tratamento durante o cateterismo em estudos observacionais e num ensaio aleatório [151, 152, 153].

Em geral, os dados sugerem que a administração precoce pode ser preferível para uma boa eficácia.
Os inibidores P2Y12 preferidos são o prasugrel (dose de carga de 60 mg e dose de manutenção de 10 mg uma vez por dia po) ou o ticagrelor (dose de carga de 180 mg po e dose de manutenção de 90 mg duas vezes por dia). Estes fármacos têm um início de ação mais rápido, são mais potentes e são superiores ao clopidogrel em termos de resultados clínicos [154, 155].
Assim, as actuais guidelines [129, 140] recomendam inibidores orais potentes do P2Y12 (ticagrelor ou prasugrel) em detrimento do clopidogrel, dadas as vantagens destes agentes sobre o clopidogrel nos resultados de grandes ensaios [154, 155]. Foram documentados efeitos benéficos na redução de eventos isquémicos, embora com um risco acrescido de hemorragia [154, 155]. O prasugrel está contraindicado em doentes com história de AVC ou ataque isquémico transitório e não é recomendado em doentes com idade *superior a 75* anos. Em pacientes com peso <60 kg, a dose de manutenção deve ser reduzida.
No entanto, o clopidogrel continua a ser o fármaco de eleição em doentes com elevado risco de hemorragia, particularmente em doentes que necessitam de anticoagulação oral vitalícia, ou se as novas moléculas não estiverem disponíveis, estiverem contra-indicadas ou forem mal toleradas. O clopidogrel não foi avaliado em grandes estudos na ICP primária, mas um regime mais elevado de 600 mg de dose de carga e 150 mg de dose de manutenção durante a primeira semana foi superior ao regime de 300/75 mg em doentes submetidos a ICP no estudo CURRENT-OASIS 7 (Clopidogrel and aspirin Optimal Dose usage to reduce recurrent events- Seventh organization to assess strategies in ischaemic syndromes), [156] e a utilização de doses de carga elevadas de clopidogrel resultou numa inibição mais rápida do recetor da adenosina difosfato. Todos os inibidores P2Y12 devem ser utilizados com precaução em doentes com elevado risco de hemorragia ou com anemia significativa.
Os agentes antiplaquetários intravenosos incluem os bloqueadores dos receptores GPIIb/IIIa e o cangrélor, um inibidor do P2Y12. Atualmente, os bloqueadores dos receptores GPIIb/IIIa são utilizados principalmente na sala de cateterismo para gerir complicações que surgem durante a ICP, tais como trombos de grandes dimensões, fluxo lento (progressão retardada do contraste injetado na árvore coronária) ou ausência de refluxo. O Cangrelor tem um rápido início e início de ação e pode reduzir as complicações isquémicas periprocedimento, embora esteja associado a um aumento do risco de hemorragia em comparação com o clopidogrel [157]. O Cangrelor pode ser considerado em pacientes não pré-tratados com inibidores orais do P2Y12 no momento da ICP ou naqueles considerados incapazes de tomar inibidores orais.
Em pacientes que recebem fibrinólise, a terapia antiplaquetária dupla deve ser limitada a aspirina e clopidogrel ao longo da vida por 12 meses no caso de ICP subsequente, e 6 meses no caso de fibrinólise sem ICP subsequente. O prasugrel e o ticagrelor não foram estudados como adjuvantes à fibrinólise, pois sua segurança (i.e. complicações hemorrágicas) não está bem estabelecida neste cenário [129].
Embora não existam estudos sobre a duração ideal da terapêutica antiplaquetária dupla em doentes com elevado risco de hemorragia, vários estudos demonstraram que a redução da duração do tratamento para 6 meses, em comparação com 12 meses ou mais, reduz o risco de complicações hemorrágicas graves, sem implicações para os eventos isquémicos [158, 159].

c. Tratamentos sistemáticos de prevenção secundária

Além da terapia anticoagulante e antiplaquetária, várias terapias farmacológicas devem ser consideradas e estabelecidas antes da alta hospitalar em pacientes com IAMCSST [129].

d. Administração precoce de ß-bloqueadores intravenosos :

Em pacientes submetidos à fibrinólise, o tratamento precoce com betabloqueadores IV reduz a incidência de arritmias ventriculares malignas, embora não haja evidência clara de benefício clínico a longo prazo [160, 161, 162].

Em doentes submetidos a ICP primária, o ensaio METOCARD-CNIC demonstrou que a administração muito precoce de metoprolol IV (15 mg) no momento do diagnóstico em doentes com EAMCST prévio, sem evidência de insuficiência cardíaca e com PAS >120 mmHg, se associou a uma redução do tamanho do enfarte medido por RM cardíaca aos 5-7 dias, e a uma FEVE mais elevada aos 6 meses, em comparação com o tratamento de controlo [163, 164]. Todos os pacientes sem contra-indicações receberam metoprolol oral dentro de 24 horas. A incidência de eventos cardiovasculares major (morte cardíaca, internamento por insuficiência cardíaca, reinfarto ou arritmias ventriculares malignas) aos 2 anos foi de 10,8% nos grupos que receberam metoprolol IV, em comparação com 18,3% no grupo de controlo [164]. O tratamento com metoprolol foi associado a uma redução significativa na incidência e extensão da obstrução microvascular [165].

Com base nos dados atualmente disponíveis, a administração precoce de beta-bloqueadores IV na admissão, seguida de beta-bloqueadores orais, deve ser considerada em doentes hemodinamicamente estáveis submetidos a ICP primária.

e. Administração a médio e longo prazo de beta-bloqueadores orais :

A utilização generalizada de ß-bloqueadores após enfarte do miocárdio baseia-se em vários ensaios clínicos de grande dimensão [166, 167, 168], e uma revisão apoia a sua utilização, mostrando uma redução da mortalidade e morbilidade [169]. No entanto, a maioria destes dados de referência provém de ensaios realizados antes da era da reperfusão. Um registo multicêntrico recente, que incluiu 7057 doentes consecutivos com enfarte do miocárdio, mostrou um benefício em termos de redução da mortalidade durante um seguimento mediano de 2,1 anos, associado à prescrição de beta-bloqueantes na alta hospitalar, mas não foi possível identificar uma relação entre a dose e o resultado [170].

Os beta-bloqueadores após o enfarte também melhoram a sobrevivência [171, 172]. No entanto, num estudo observacional recente, o tratamento com ß-bloqueadores não foi associado a uma redução da mortalidade por todas as causas em doentes com enfarte sem insuficiência cardíaca ou disfunção sistólica. Este resultado sugere que nem todos os doentes com enfarte do miocárdio devem beneficiar do tratamento com ß-bloqueantes, particularmente aqueles sem insuficiência cardíaca ou disfunção sistólica. São necessários ensaios clínicos controlados e aleatorizados para confirmar este resultado [173].

Com base nas evidências actuais, deve ser considerada a administração rotineira de beta-bloqueadores em todos os pacientes pós-IAMSST. Os beta-bloqueadores são recomendados em pacientes com função sistólica ventricular esquerda reduzida (FEVE <_40%), na ausência de contra-indicações como insuficiência cardíaca aguda, instabilidade hemodinâmica ou BAV de alto grau [129].

Como até à data nenhum estudo abordou adequadamente a duração da terapêutica com beta-bloqueadores, não foi feita qualquer recomendação a este respeito. No que diz respeito ao momento de iniciar a terapia com beta-bloqueadores orais em pacientes que não recebem um beta-bloqueador intravenoso precoce, uma análise retrospetiva de 5259 pacientes sugeriu que a administração precoce (ou seja, <24 h) de um beta-bloqueador proporciona um benefício de sobrevivência em relação à administração tardia [174]. Portanto, em pacientes hemodinamicamente estáveis, o início de um betabloqueador oral deve ser considerado nas primeiras 24 horas.

f. Inibidores da enzima de conversão

Uma revisão sistemática do uso de inibidores da ECA no IAMCST precoce indica que este tratamento é seguro, bem tolerado e associado a uma pequena, mas significativa, redução na mortalidade em 30 dias, com a maior parte do benefício sendo observada na primeira semana após o evento agudo [175]. O uso de inibidores da ECA após o IM tem sido associado a uma redução significativa da mortalidade e da incidência de reinfarto [176]. No entanto, os dados sobre inibidores da ECA em pacientes tratados com ICP primária são escassos. Os mecanismos pelos quais os inibidores da ECA reduzem os eventos adversos após o IM incluem a redução da remodelação ventricular após o IAMCSST, a diminuição da atividade simpática e o aumento do tónus vagal, o que pode reduzir a incidência de morte súbita [177].

O tratamento com inibidores da ECA é recomendado em pacientes com disfunção sistólica do ventrículo esquerdo, insuficiência cardíaca, hipertensão ou diabetes, e deve ser considerado em todos os pacientes com IAMCSST [178, 179]. Os doentes que não toleram um inibidor da enzima de conversão devem receber um bloqueador dos receptores da angiotensina II (BRA). No IAMCST, o valsartan demonstrou ser não-inferior ao captopril no estudo VALIANT (VALsartan In Acute myocardial iNfarcTion) [180].

g. Tratamento hipolipemiante

O tratamento de redução dos lípidos é um dos elementos mais importantes da prevenção secundária. As estatinas, que reduzem os níveis de colesterol circulante, são um tratamento bem estabelecido para a prevenção secundária da doença cardiovascular, como demonstrado por vários ensaios clínicos aleatórios [181-183]. Uma meta-análise de mais de 90.000 pessoas em 14 ensaios aleatórios confirma o benefício do uso de estatinas após a admissão hospitalar por enfarte do miocárdio, com uma redução da mortalidade total, bem como de outros eventos coronários [184].

Um estudo com mais de 105.000 doentes que iniciaram o tratamento com uma estatina de intensidade moderada ou elevada após hospitalização por enfarte do miocárdio fornece mais dados; globalmente, 52,8% dos doentes tinham uma elevada adesão ao tratamento com estatina e apenas 1,7% tinham intolerância à estatina. Os resultados sugerem uma incidência 36% mais elevada de enfarte recorrente em doentes com intolerância à estatina e um risco 43% mais elevado de doença coronária em doentes com intolerância à estatina, em comparação com aqueles com elevada adesão à estatina [185], enquanto o risco de mortalidade foi semelhante em ambos os grupos durante um período de seguimento médio de 1,9-2,3 anos. O tratamento hipolipemiante deve ser iniciado o mais cedo possível, uma vez que aumenta a adesão dos doentes após a alta hospitalar, e deve basear-se em estatinas de alta intensidade, devido aos benefícios clínicos precoces e duradouros [129].

O uso de uma terapia com estatinas de menor intensidade deve ser considerado em pacientes com risco aumentado de efeitos colaterais das estatinas (por exemplo, idosos, insuficiência hepática ou renal, efeitos colaterais anteriores ou potencial interação com terapia concomitante essencial). O objetivo do tratamento é uma concentração de LDL-C

<0,55 mmol/L ou uma redução de pelo menos 50% do LDL-C [186, 187]. Nos doentes que não toleram as estatinas, deve ser considerado o tratamento com ezetimiba.
Estudos genéticos mostraram níveis mais baixos de colesterol LDL e um risco reduzido de DCV em pessoas com mutações de perda de função no PCSK9, o gene que codifica a proproteína convertase subtilisina/kexina tipo 9, uma proteína que promove o catabolismo dos receptores LDL, aumentando assim os níveis circulantes de partículas LDL [188].

Objectivos terapêuticos recomendados para o colesterol LDL	
Categoria de risco	**Valores-alvo do LDL-C (começar com o LDL-C não tratado)**
Muito elevado	<1,4 mmol/1 / 0,55 g/1 e diminuição >50%.
Elevado	<1,8 mmol/1 / 0,70 g/1 e diminuição >50%.
Moderado	<2,6 mmol/1/ 1,00 g/1
Baixa	<3,0 mmol/1 / 1,16 g/1

Figura 14: Objectivos terapêuticos recomendados para o colesterol LDL

Os medicamentos que têm como alvo a PCSK9 incluem anticorpos monoclonais (evolocumab e alirocumab) e pequenos RNAs de interferência (inclisiran) e estão associados a reduções impressionantes (40-60%) no colesterol LDL quando combinados com a terapia com estatinas [189, 190]. Um ensaio aleatório controlado mostrou uma redução de 20% no risco relativo de eventos cardiovasculares (morte cardiovascular, enfarte do miocárdio ou acidente vascular cerebral) após um seguimento mediano de 2,2 anos [189], e um ensaio com alirocumab mostrou uma redução de 15% no risco relativo de eventos cardiovasculares major [191]. No entanto, estes fármacos não são atualmente utilizados de forma rotineira no EAMCST, em grande parte devido ao seu elevado custo.

Quadro III: Intensidade das terapêuticas hipolipemiantes [192].

Tratamentos	**Desconto LDL-c teórico**
Estatina moderada **-ROSUVASTATINA 5mg** **-ATORVASTATINA 10mg** **-SIMVASTATINA 20mg-40mg** **-FLUVASTATINA 80mg**	**30%**
Estatina forte **-ROSUVASTATINA 10mg-20mg-40mg** **-ATORVASTATINA 20mg-40mg-80mg**	**50%**
STATINE Forte + ezetimiba	**65%**
Inibidor da PCSK9	**60%**
Estatina forte + um inibidor da PCSK9	**75%**
Estatina forte + um inibidor + ezetimiba	**85%**

h. Inibidores de cálcio

Uma meta-análise de 17 ensaios de ICs na fase aguda do IAMCSST não mostrou nenhum efeito benéfico na mortalidade ou reinfarto, com uma tendência de maior mortalidade em pacientes tratados com nifedipina. Portanto, o uso rotineiro de ICs na fase aguda não está indicado [193, 194].

Na fase crónica, um estudo randomizado controlado com 1775 doentes com enfarte do miocárdio sem beta-bloqueantes, tratados com verapamil ou placebo, mostrou que o risco de mortalidade e reinfarto foi reduzido com o verapamil [195]. Assim, em pacientes com contra-indicações aos beta-bloqueadores, particularmente na presença de doença obstrutiva das vias aéreas, os ICs são uma opção para pacientes sem insuficiência cardíaca ou função ventricular esquerda comprometida.

Por outro lado, o uso sistemático de dihidropiridinas não demonstrou qualquer benefício após IAMCSST [196], pelo que só devem ser prescritas se existirem indicações adicionais claras, como hipertensão ou angina residual [197].

i. Derivados nitro :

O uso rotineiro de nitratos no IAMCSST não trouxe nenhum benefício em um estudo randomizado controlado por placebo e, portanto, não é recomendado [198]. Os nitratos intravenosos podem ser úteis durante a fase aguda em pacientes com hipertensão ou insuficiência cardíaca, desde que não haja hipotensão, enfarte da VD ou uso de inibidores da PDE5 nas 48 horas anteriores.

Após a fase aguda, os derivados do nitrato continuam a ser agentes valiosos para controlar os sintomas residuais da angina de peito.

j. Antagonistas dos receptores mineralocorticóides / Anti-aldosterona :

O tratamento com antagonistas dos receptores mineralocorticóides é recomendado em pacientes com disfunção ventricular esquerda (FEVE <_40%) e insuficiência cardíaca após IAMCSST [199, 200].

A eplerenona, um antagonista seletivo dos receptores da aldosterona, demonstrou reduzir a morbilidade e a mortalidade nestes doentes. O estudo Eplerenone PostAMI Heart failure Efficacy and SUrvival Study (EPHESUS) envolveu 6642 pacientes pós-IAM com disfunção ventricular esquerda (FEVE <_40%) e sintomas de insuficiência cardíaca/diabetes, que iniciaram o tratamento com eplerenona entre 3 e 14 dias após o IM [199]. Após um seguimento médio de 16 meses, houve uma redução relativa de 15% na mortalidade total e uma redução de 13% na morte e hospitalização por eventos cardiovasculares.

Dois estudos também demonstraram um efeito benéfico do tratamento precoce com ARM no STEMI sem insuficiência cardíaca. O ensaio REMINDER (Evaluating The Safety And Efficacy Of Early Treatment With Eplerenone In Patients With Acute Myocardial Infarction) envolveu 1012 doentes com EAMCST sem insuficiência cardíaca que foram tratados com eplerenona ou placebo nas 24 horas seguintes ao início dos sintomas [201]. O estudo ALBATROSS (Aldosterone Lethal effects Blockade in Acute myocardial infarction Treated with or without Reperfusion to improve Outcome and Survival at Six months) randomizou 1603 pacientes para um bolus IV de canrenato de potássio (200 mg) seguido de espironolactona (25 mg por dia) vs. placebo [202].

Estudos futuros esclarecerão o papel do tratamento com ARM neste contexto.

k. Novas estratégias para combater a inflamação :

A inflamação desempenha um papel importante na aterogénese e na progressão da placa [203]. O ensaio CANTOS foi o primeiro a validar a hipótese inflamatória num grande estudo de coorte de doentes com doença arterial coronária: o tratamento da via imunitária da IL-1ß com canakinumab (um anticorpo monoclonal humano anti-IL-1ß) resultou numa redução relativa clinicamente significativa de 15% nos eventos cardiovasculares major em comparação com o placebo, independentemente dos níveis de LDL [204]. O anakinra, um inibidor do recetor de IL-1, foi avaliado em dois pequenos estudos de fase II em doentes com enfarte agudo do miocárdio e demonstrou reduzir os níveis de PCR [205, 206].
Para além da via das interleucinas, a sinalização da ativação das células T, os inibidores sintéticos da proteína tirosina fosfatase e as doses baixas de IL-2 estão em desenvolvimento ou representam áreas futuras de investigação para combater a inflamação na SCA [207].

l. Tratamento das lesões de "não-refluxo" e de reperfusão :

Certos aspectos da fisiopatologia do enfarte permanecem surpreendentemente refractários mesmo após um tratamento bem gerido e bem sucedido. O "no-reflow" é uma complicação que pode ocorrer após a revascularização coronária e está associada a um risco aumentado de choque cardiogénico, enfarte recorrente e mortalidade [208, 209].
Embora os factores de risco sejam bem conhecidos (como a elevada carga trombótica, o contexto da ICP primária per se e o tempo isquémico), ainda não existem opções de tratamento verdadeiramente eficazes. O uso de inibidores da GPIIb/IIIa e vasodilatadores não demonstrou benefício clínico em vários estudos observacionais e ensaios randomizados [210]. Reduzir o tempo total de isquémia, levando o doente o mais rapidamente possível para a sala de cateterismo cardíaco, continua a ser uma das formas mais eficazes de prevenir o fenómeno de "no-reflow" e as lesões de reperfusão. Para tal, os dispositivos que alertam o doente para a presença de um enfarte podem reduzir o tempo entre o início dos sintomas e a admissão hospitalar e, consequentemente, o tempo isquémico total [211, 212].
Embora os ensaios com fármacos que visam a lesão de reperfusão não tenham demonstrado resultados benéficos em termos de resultados clínicos, há provas de que o condicionamento isquémico remoto tem um efeito protetor sobre o creur e melhora os resultados clínicos ao reduzir a lesão miocárdica [213]. Uma melhor compreensão da complexa fisiopatologia, incluindo o mecanismo de lesão de reperfusão, pode identificar alvos adicionais para prevenir a perda de integridade microvascular e aumentar a permeabilidade vascular. Apesar dos muitos fracassos até à data, a prevenção e o tratamento das lesões de reperfusão, que afectam diretamente o tamanho do enfarte, devem continuar a ser o foco da investigação cardiovascular futura.

m. Terapias para reduzir o tamanho do enfarte e a obstrução microvascular:

O tamanho final do infarto e a obstrução microvascular são os principais preditores independentes de mortalidade a longo prazo e insuficiência cardíaca em sobreviventes de IAMCSST [214, 215]. A OVM é definida como uma perfusão miocárdica inadequada após a abertura mecânica bem sucedida da FAA, e é causada por vários fatores [216]. A OVM é diagnosticada imediatamente após a ICP quando o fluxo TIMI angiográfico pós-procedimento é <3, ou no caso de um fluxo TIMI de 3, quando o grau de avermelhamento miocárdico é 0 ou 1, ou quando a resolução do ST dentro de 60-90 minutos após o procedimento é <70%.

Outras técnicas não invasivas para o diagnóstico de OVM incluem o realce tardio de gadolínio na RM cardíaca (a atual técnica de ponta para identificar e quantificar OVM), ultra-sons de contraste e de ressonância magnética, tomografia computorizada de emissão de fotão único (SPECT) e tomografia por emissão de positrões (PET) [216]. Diferentes estratégias, tais como pós-condicionamento coronário, condicionamento isquémico remoto, metoprolol i.v. precoce, inibidores da GP, etc., têm sido propostas. Os inibidores da GP IIb/IIIa, os fármacos que visam a integridade mitocondrial ou as vias do óxido nítrico, a adenosina, os moduladores da glicose, a hipotermia e outros, demonstraram ser benéficos em ensaios pré-clínicos e clínicos de pequena escala [215, 217], mas ainda não existe uma terapêutica destinada a reduzir a lesão de isquémia/reperfusão (tamanho do enfarte) que esteja claramente associada a melhores resultados clínicos. A redução da lesão de isquémia/reperfusão em geral, e da obstrução microvascular em particular, continua a ser uma necessidade não satisfeita para melhorar a função ventricular a longo prazo no STEMI.

9. Complicações do STEMI :

a. Arritmias supraventriculares :

A arritmia supraventricular mais comum é a fibrilação atrial (FA), que afeta 21% dos pacientes com IAMCSST [218]. A FA pode ser pré-existente, detectada pela primeira vez ou de início recente. Os pacientes com FA apresentam mais co-morbidades e maior risco de complicações [219].

Em muitos casos, a arritmia é bem tolerada e não é necessário nenhum tratamento específico, para além da anticoagulação [220]. O tratamento rápido é necessário em casos de instabilidade hemodinâmica aguda. Há pouca evidência que sugira uma preferência pelo controlo da frequência em detrimento do controlo do ritmo nesta situação [221]. A cardioversão elétrica deve ser considerada, mas a recorrência precoce da FA é comum após a cardioversão bem-sucedida.

O controlo do ritmo agudo com fármacos antiarrítmicos está limitado ao uso de amiodarona [218, 220]. Um controlo adequado da frequência cardíaca pode ser conseguido com beta-bloqueadores [221, 222].

Vários estudos, mas não todos, sugeriram que a FA de início recente pode ser reduzida por beta-bloqueadores, inibidores da ECA/ARB2, e também por terapia precoce com estatinas [218].

Os doentes com FA e factores de risco para tromboembolismo devem ser tratados adequadamente com anticoagulação oral crónica [220]. Pacientes com IAMCSST com FA documentada têm pior prognóstico a curto e longo prazo do que pacientes em ritmo sinusal [219, 223]. A presença de FA está associada a uma maior taxa de reinfarto, maior taxa de AVC, maior risco de insuficiência cardíaca, e pode também aumentar o risco de morte súbita cardíaca [218, 219, 224]. É de notar que a FA durante o STEMI está associada a uma taxa significativamente mais elevada de AVC no seguimento a longo prazo [219, 224].

b. Arritmias ventriculares :

A incidência de taquicardia ventricular (TV) e fibrilação ventricular (FV) após IAMCSST tem diminuído desde o estabelecimento da rotina de reperfusão precoce e tratamento com ß-bloqueadores [225]. No entanto, estudos recentes relatam uma taxa de incidência de quase 6% de TV ou FV em pacientes com IM [226, 227].

A reperfusão urgente é muito importante porque a isquémia desencadeia frequentemente estas arritmias [228]. Os beta-bloqueadores são recomendados na ausência de contra-indicações [229, 230]. A cardioversão eléctrica repetitiva ou a desfibrilhação podem ser necessárias [231]. Se o controlo for insuficiente, recomenda-se a administração de amiodarona por via intravenosa [227, 232]. Se a amiodarona for contra-indicada, a administração intravenosa de lidocaína pode ser considerada.

A taquicardia ventricular e a fibrilhação ventricular que ocorrem precocemente nas 48 horas após o EAMCST parecem estar associadas a um aumento da mortalidade intra-hospitalar, mas não parecem afetar o prognóstico a longo prazo [233, 234]. Por outro lado, a TV ou FV que se desenvolve após 48 horas e na ausência de isquémia recorrente está associada a um pior prognóstico, exigindo um tratamento agressivo, bem como a avaliação da utilização de um cardioversor desfibrilhador implantável (CDI) [235].

c. Bradicardia sinusal e bloqueio atrioventricular :

À semelhança das taquiarritmias ventriculares, a ocorrência de distúrbios de condução e bradiarritmias associadas ao enfarte agudo do miocárdio tem diminuído na era da revascularização precoce [236]. Mais especificamente, a incidência de bloqueio atrioventricular em pacientes com IAMCSST tratados com trombólise é de 6,9% [237], comparada com uma incidência de 3,2% em pacientes tratados com ICP primária [238].

A bradicardia sinusal está principalmente associada ao EAMCST da parede inferior do coração e pode ocorrer nas primeiras horas e até vários dias após o enfarte. A bradicardia sinusal e os vários graus de bloqueio atrioventricular que ocorrem na fase inicial do enfarte devido ao aumento do tónus vagal respondem bem à atropina e geralmente corrigem dentro de 24 horas [239]. O desenvolvimento subsequente de atraso de condução pode estar associado a redema e acumulação local de adenosina [240].

Essas anormalidades são geralmente assintomáticas, mas também podem levar à instabilidade hemodinâmica. No caso de instabilidade hemodinâmica, pode ser necessária uma estimulação temporária (pacemaker); no entanto, a maioria das anomalias de condução devidas a um enfarte do miocárdio com supradesnivelamento do território inferior resolve-se em 2 semanas [236].

O bloqueio atrioventricular associado a um enfarte anterior é, na maioria das vezes, infra-hisiano (localizado mais abaixo na via de condução), com um novo bloqueio de ramo ou hemibloqueio geralmente indicando um enfarte anterior extenso [129, 236].

A mortalidade intra-hospitalar e a mortalidade aos 30 dias são mais elevadas nos doentes com DAV do que naqueles sem DAV, independentemente da localização do enfarte, enquanto os resultados após 30 dias parecem semelhantes entre os grupos [241].

d. Trombo no ventrículo esquerdo :

Os dados sobre a incidência de trombos no ventrículo esquerdo detectados por métodos de imagem optimizados variam entre 15% em doentes com STEMI e até 25% em doentes com enfarte prévio [242].

Consistente com estudos prévios, os factores de risco para a formação de trombo no ventrículo esquerdo são IAMCST prévio e FEVE inferior a 50% [243, 244]. A presença de obstrução microvascular [243] e de anomalia de movimento da parede apical [245] também tem sido associada ao desenvolvimento de trombo ventricular esquerdo.

Apesar da baixa sensibilidade do ecocardiograma transtorácico padrão, este continua a ser mais acessível e económico do que a RM cardíaca. O apical wall motion score demonstrou ser útil na identificação de indivíduos que beneficiariam da RM cardíaca para a deteção de trombos no ventrículo esquerdo. Como resultado, um algoritmo [246] foi proposto para aplicação no momento da ICP primária, que pode ser usado para identificar aqueles com maior probabilidade de desenvolver trombo ventricular esquerdo e que podem se beneficiar da RMC se o ETT for inconclusivo.

Gellen et al [247] mostraram recentemente que a maior taxa de deteção de trombo no ventrículo esquerdo (25%) foi naqueles que realizaram RM cardíaca entre 9 e 12 dias após um IAMCST prévio. Meurin et al [248] fizeram achados semelhantes, com maior incidência de trombo no ventrículo esquerdo em pacientes que realizaram RM cardíaca entre 8 e 15 dias. Estes dados sugerem que o momento ótimo para a deteção imagiológica de trombo ventricular esquerdo após EAMCST agudo poderá ser às 2 semanas.

Uma vez detectado um trombo no ventrículo esquerdo, o tratamento anticoagulante (para além da dupla antiagregação plaquetária) é essencial, embora aumente o risco de hemorragia.

A grande proporção de trombos no ventrículo esquerdo (88%) resolveu-se entre os 3 e os 6 meses. O seguimento com RM cardíaca repetida a partir dos 3 meses após o STEMI pode reduzir a necessidade de anticoagulação prolongada numa proporção de doentes.

Zhang Z et al [249], num estudo recente sobre a prevenção de trombos no ventrículo esquerdo, concluíram que a adição de rivaroxabano em dose baixa (2,5 mg duas vezes por dia durante 30 dias) à terapêutica antiplaquetária dupla poderia prevenir a formação de trombos no ventrículo esquerdo no prazo de 30 dias em doentes com EAMCST prévio após intervenção coronária percutânea primária. No entanto, são necessários ensaios clínicos de maior dimensão para aprofundar estes resultados.

e. Complicações mecânicas.

As complicações mecânicas após o enfarte agudo incluem a rutura e disfunção do músculo papilar, o aneurisma do ventrículo esquerdo, a rutura do septo interventricular e a rutura da parede livre do VE. Estas complicações tornaram-se eventos raros após o advento da ICP primária, sendo a sua incidência atual estimada em

<1%. Um relatório do estudo APEX-AMI mostrou taxas de 0,51% para rutura da parede livre, 0,17% para rutura do septo interventricular e 0,26% para rutura do músculo papilar [250]. No entanto, estas complicações constituem um cenário de emergência com risco de vida, exigindo diagnóstico precoce e intervenção cirúrgica urgente. Os sintomas iniciais variam desde a dispneia até à insuficiência cardíaca fulminante, choque cardiogénico e morte súbita cardíaca. Cada um destes sintomas, bem como o aparecimento de um novo sopro cardíaco, deve sempre levar à realização imediata de um ecocardiograma, que é o padrão de excelência para o diagnóstico de complicações mecânicas. Para além disso, é obrigatória a transferência para a unidade de cuidados intensivos.

Uma vez confirmado o diagnóstico, o tratamento subsequente e o planeamento cirúrgico devem ser avaliados por uma equipa multidisciplinar. Em casos de instabilidade hemodinâmica ou choque cardiogénico, pode ser considerada a inserção de um balão de contrapulsação intra-aórtica, enquanto a insuficiência circulatória refractária deve levar à introdução de oxigenação por membrana extracorporal (ECMO) como terapia de resgate para gerir o doente até à instituição do tratamento definitivo [251, 252].

f. Choque cardiogénico :

O choque cardiogénico ocorre em 5-15% dos doentes, é um dos mais fortes preditores de prognóstico a curto e longo prazo após EAMCST [253-255] e continua a ser a principal causa de morte após EAM agudo [255]. As complicações mecânicas são causas raras de choque cardiogénico, uma vez que a causa subjacente mais comum é a disfunção ventricular esquerda. Os resultados de ensaios clínicos randomizados em pacientes com choque cardiogénico são limitados. O seguimento a longo prazo do estudo SHOCK mostrou que a reperfusão precoce foi associada a uma maior sobrevida em comparação com a estabilização médica inicial [256].

10. Prevenção da doença ateromatosa das artérias coronárias :

De acordo com as recomendações da OMS, existem várias fases de prevenção: **prevenção primária, prevenção secundária e prevenção terciária.**

A prevenção da doença ateromatosa da artéria coronária baseia-se principalmente na gestão das DRFs e inclui três métodos em cada fase:

- **Informação**, através de grandes campanhas de saúde pública;
- **Formação em saúde pública**;
- **Educação para a saúde**.

A prevenção cardiovascular pode ser **individual, através da** avaliação de todos os factores de risco, ou **colectiva, através da regulamentação antitabaco, da limitação do teor de sal e de açúcar na indústria** alimentar, da educação e da nutrição nas escolas, da informação da população através de várias campanhas nacionais ou regionais, do acesso a instalações desportivas e a espaços ao ar livre... [257, 258].

A luta contra o tabagismo e as medidas higiénicas e dietéticas podem dar melhores resultados do que os tratamentos medicamentosos (medicamentos para baixar os lípidos).

a. Prevenção primária :

O objetivo da prevenção primária é reduzir **a incidência das doenças cardiovasculares ateromatosas**. Cada consulta deve ser uma oportunidade para abordar o tema da prevenção e recolher informações sobre os principais factores de risco, a alimentação e a atividade física. O mesmo se aplica a um exame biológico de base (incluindo a glicemia em jejum e os níveis lipídicos) para detetar anomalias metabólicas.

Com base nestes dados, a RVS deve ser avaliada e o aconselhamento e o tratamento adaptados ao nível de risco.

A prevenção primária das doenças cardiovasculares continua a **centrar-se na alteração dos comportamentos de risco individuais.** A gestão da DCV inclui a cessação do tabagismo, medidas dietéticas, aconselhamento sobre atividade física e tratamento adequado para cada FDR (hipertensão, hiperlipemia, diabetes, etc.).

b. Prevenção secundária :

A prevenção secundária é o conjunto de acções destinadas a **reduzir a prevalência das doenças cardiovasculares** e, por conseguinte, o tempo necessário para o seu desenvolvimento. Implica **o rastreio** e inclui o **tratamento** da doença. Deve **ser sistemática, multirrisco** (todos os factores de risco devem ser tidos em conta), **intensiva** (óptima para cada fator) e **medicalizada** (a utilização de medicamentos é a regra, com acompanhamento médico regular).

A prescrição do tratamento deve ser acompanhada de conselhos insistentes sobre as mudanças de estilo de vida. A luta contra os factores de risco torna-se ainda **mais**

imperativa do que na prevenção primária, e os objectivos da prevenção primária **são mais rigorosos**.

c. Prevenção terciária :

É o conjunto de medidas destinadas a prevenir o aparecimento de complicações, sequelas ou deficiências ligadas à doença. Baseia-se em :

- tratamento das complicações (tromboembolismo, perturbações do ritmo, etc.).
- reabilitação especializada em cardiologia.
- cuidados paliativos: reinserção social e cuidados psicológicos.

II. FIBRINOLÍTICOS Fibrinolíticos

A. Fibrinólise :

1. Definição :

A fibrinólise é definida como o processo de degradação da rede de fibrina, um componente essencial do trombo, pela plasmina. Quando se forma um coágulo, é acionado um mecanismo fisiológico de fibrinólise para destruir a rede de fibrina e restabelecer o fluxo vascular o mais rápida e completamente possível. Este mecanismo baseia-se na hidrólise da ligação peptídica que une as duas câmaras do plasminogénio, uma pró-enzima inativa de origem hepática, à plasmina, desmascarando o local catalítico desta potente enzima proteolítica. De facto, o plasminogénio tem uma forte afinidade pelos polímeros de fibrina, o que lhe confere a capacidade de dissolver preferencialmente a fibrina quando convertido em plasmina. No entanto, esta enzima não é selectiva e pode degradar tanto a fibrina como o fibrinogénio, bem como determinados factores de coagulação (V, VIII).

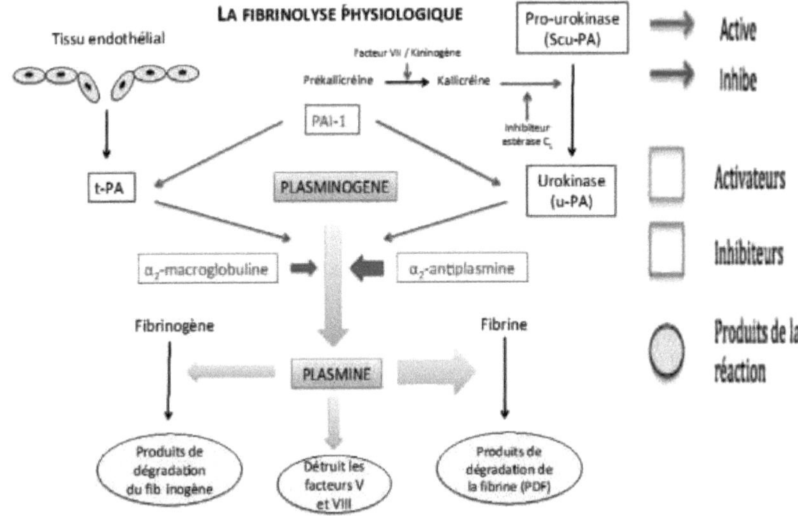

Figura 15: Diagramas da fibrinólise fisiológica

Este processo fisiológico envolve moduladores (Figura 15):

- Os activadores do plasminogénio, como o t-PA (sintetizado pelas células do e libertado durante a formação do trombo) e u-PA (uroquinase, produzida pelo rim a partir do scu-PA, ou pró-uroquinase, e excretada na urina);

- Os inibidores, como os inibidores da plasmina (a2-antiplasmina, antiplasmina rápida e a2-macroglobulina), bem como os activadores do plasminogénio inibidores do PAI-1 (t-PA, u-PA).

Na terapêutica, existem inibidores orgânicos da fibrinólise, como a aprotinina extraída do pulmão ou do pâncreas de ovelha, bem como inibidores químicos, como o ácido épsilon-aminocapróico e o ácido tranexâmico.

2. Estudos sobre a fibrinólise no STEMI :

a. Os benefícios da reperfusão precoce :

Está agora estabelecido que a trombólise reduz a mortalidade e melhora o prognóstico dos doentes tratados antes da décima segunda hora do enfarte. Quanto mais cedo o tratamento for iniciado, maior será o efeito benéfico. Os estudos GUSTO demonstraram que a normalização do fluxo coronário é um critério importante de sobrevivência e que o prognóstico do enfarte do miocárdio trombolisado depende do fator tempo na velocidade de recanalização coronária e de reperfusão do tecido miocárdico a jusante. O estudo GUSTO mostra claramente que uma redução de uma hora no tempo de início da trombólise salva cinco vidas extra por cada mil doentes tratados.

A meta-análise BOERSMA incluiu vinte e dois ensaios randomizados de 1983 a 1993 (50.246 pacientes) e mostrou que a redução da mortalidade em trinta e cinco dias foi de -44% nos pacientes trombolisados dentro de duas horas, comparada com -20% naqueles trombolisados mais tarde; também relatou sessenta e cinco, trinta e sete e vinte e seis vidas salvas por mil pacientes tratados na primeira, segunda e terceira hora, respetivamente [259]. No estudo GISSI 1, a redução da mortalidade foi de 50% nos pacientes trombolisados antes da primeira hora.

Como consequência lógica destes dados, tornou-se rapidamente evidente que o desenvolvimento da trombólise pré-hospitalar era uma das formas mais eficazes de reduzir o tempo necessário para a administração de trombolíticos. Dois grandes ensaios aleatórios, um europeu (EMIP) e outro americano (MITI), compararam a trombólise pré-hospitalar com a trombólise hospitalar. Estes ensaios demonstraram uma redução significativa da mortalidade de 15% e uma economia de tempo de cerca de quinze minutos [260, 261]. Num estudo com 6.607 doentes, o BOERSMA demonstrou uma economia de tempo de uma hora para a trombólise pré-hospitalar em relação à fibrinólise hospitalar.

Mesmo sendo verdade que o benefício máximo da trombólise é obtido logo nas primeiras horas de um enfarte do miocárdio, suspeitámos que se poderia prever um benefício para além da sexta hora do enfarte do miocárdio. Isto já havia sido sugerido no ISIS-2, uma vez que os pacientes foram incluídos até a vigésima quarta hora e um benefício foi observado no subgrupo de pacientes tratados entre seis e vinte e quatro horas. Posteriormente, no estudo LATE [262], foi observada uma redução significativa da mortalidade nos pacientes tratados com trombólise entre seis e doze horas, mas não além.

b. Teoria das artérias abertas :

Estes dados levaram ao desenvolvimento da "teoria da artéria aberta", o que significa que o fluxo coronário tinha de ser restaurado rápida e completamente. O estudo GUSTO validou esta teoria ao estabelecer a relação entre o grau de patência coronária e a melhoria do prognóstico. Este estudo também demonstrou que quanto mais precoce, completa e duradoura a repermeabilização, melhor a preservação da função ventricular e menor a mortalidade [263].

c. A mortalidade como principal critério de avaliação dos trombolíticos :

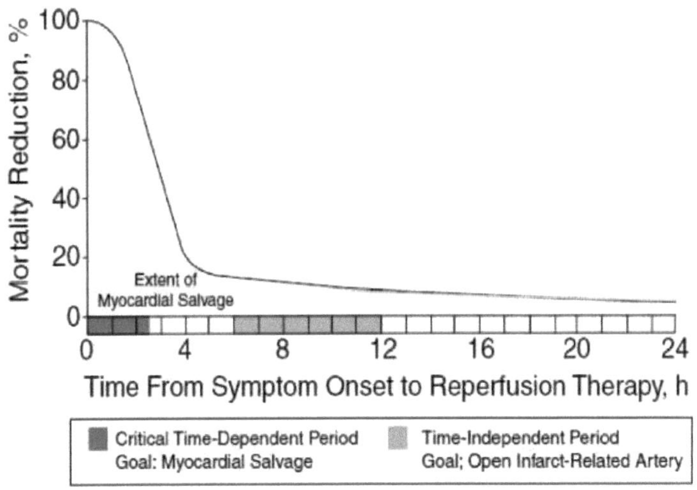

Figura 16: Redução da mortalidade em função do tempo isquémico total

É de notar que a extensão da recuperação do miocárdio diminui consideravelmente nas primeiras 4 horas, mas que até às 24 horas ainda é possível a recuperação de uma proporção menor do miocárdio.

Estudos importantes permitiram definir as vantagens e desvantagens de diferentes substâncias trombolíticas e validar as melhores estratégias ou regimes terapêuticos em termos de eficácia e segurança.

O GISSI-1 comparou o tratamento convencional com a estreptoquinase intravenosa em doentes com enfarte do miocárdio com menos de doze horas, e mostrou uma redução da mortalidade hospitalar de 13% para 10,7% com os trombolíticos.

> O ISIS-2 demonstrou a potenciação do efeito benéfico da estreptoquinase pela adição de aspirina e uma redução de 39% da mortalidade hospitalar.

> O AIMS demonstrou uma redução de 47% na mortalidade ao fim de um mês com o APSAC em comparação com o placebo em 1258 doentes admitidos por um enfarte com menos de seis horas.

> O ASSET incluiu 5011 doentes com menos de 75 anos, aleatorizados nas primeiras cinco horas após o enfarte, e mostrou uma redução de 26% na mortalidade ao fim de um mês com o t-PA, em comparação com o placebo.

> O GISSI-2 e o ISIS-3 são dois grandes estudos que comparam trombolíticos de primeira e segunda geração. O primeiro estudo comparou o t-PA e a estreptoquinase em enfartes com menos de seis horas e não mostrou diferenças significativas entre os dois grupos em termos de mortalidade aos 35 dias e de eventos cardiovasculares major. O segundo estudo comparou estreptoquinase, t-PA (dutéplase) e APSAC em infarto com menos de vinte e quatro horas e mostrou que não houve diferença significativa na

mortalidade entre os três grupos de tratamento [264,265].

> Graças ao seu conceito, os estudos GUSTO iniciados nos anos noventa deram respostas decisivas, com um elevado nível de evidência científica, a uma série de questões sem resposta (superioridade de certos trombolíticos em relação a outros, escolha da antitrombina a combinar, regimes ou protocolos terapêuticos, etc.). São descritos os seguintes casos:

S GUSTO-I: este estudo validou a hipótese da artéria aberta e estabeleceu definitivamente a superioridade do t-PA acelerado combinado com heparina endovenosa sobre os três outros protocolos (estreptoquinase e heparina subcutânea, estreptoquinase e heparina endovenosa e finalmente uma combinação dos dois trombolíticos com uma dose mais baixa de estreptoquinase) ao demonstrar uma redução significativa da mortalidade aos trinta dias (6,3% vs. 7,3%). Só com este estudo se demonstrou que o prognóstico do enfarte do miocárdio dependia essencialmente da preservação da função ventricular esquerda, que por sua vez dependia da rapidez, qualidade e durabilidade da repermeabilização [266].

S GUSTO 2 B: demonstrou a ineficácia da hirudina em termos de redução da ocorrência de eventos cardíacos major, mas com maior risco hemorrágico [267].

S GUSTO 3: comparou alteplase (segunda geração) em protocolo acelerado com reteplase (terceira geração) em duplo bolus intravenoso. Não houve diferença significativa em termos de mortalidade ou incidência de AVC [268].

d. Outros critérios de avaliação :

São também tidos em conta outros critérios de avaliação da trombólise.

> A patência da artéria presumivelmente responsável pelo enfarte do miocárdio (PRA): ilustra a capacidade do trombolítico para lisar o coágulo oclusivo. É avaliada com base numa análise "qualitativa" do fluxo coronário durante a angiografia coronária efectuada aos 90 minutos, com base no grau TIMI 3 (opacificação completa sem atraso da APD), que é considerado patognomónico de recanalização. As taxas de recanalização completa (TIMI 3) são de cerca de 30% com estreptoquinase, 54% com t-PA "acelerado" e 60% com reteplase de duplo bólus.

Mais recentemente, os estudos TIMI 10A, TIMI 10B, ASSENT-1 e ASSENT-2 com um trombolítico de terceira geração, o TNK-tPA, demonstraram, para além da facilidade de administração em bólus único desta substância, uma semelhança nas taxas de reperfusão TIMI 3 em relação ao t-PA, um melhor perfil de tolerância e uma equivalência entre o TNK-tPA e o t-PA em termos de mortalidade a 30 dias [269-272].

> Função ventricular esquerda (FVE): A angiografia GUSTO demonstrou que existe uma forte correlação entre a patência coronária e a preservação da função ventricular esquerda. Além disso, a manutenção a longo prazo da patência coronária limita a remodelação ventricular pós-infarto do miocárdio.

> O conceito de benefício clínico líquido: surgiu com os estudos GUSTO. É a combinação de mortalidade em D30 e AVC incapacitante, incluindo hemorragia cerebral. Define um grupo de doentes para os quais a trombólise não salvou a vida ou resultou num AVC incapacitante ou fatal. Este conceito de benefício clínico líquido rapidamente se revelou mais adequado e judicioso do que o de mortalidade total.

G. Recomendações :

Se a ICP primária não estiver disponível dentro de 120 minutos após o diagnóstico, a

fibrinólise deve ser realizada, a menos que haja contraindicação.
O muito grande Registo Nacional de Enfarte do Miocárdio dos EUA (NRMI) relatou que a vantagem de mortalidade da ICP primária sobre a fibrinólise no local desapareceu quando o tempo desde o primeiro contacto médico até à ICP excedeu os 120 minutos [273].
As diretrizes recomendam o uso de fibrinólise para pacientes com IAMCSST que se apresentam dentro de 12 horas do início dos sintomas e nos quais a ICP não pode ser realizada dentro de 120 minutos.
O tratamento deve então ser iniciado nos 30 minutos seguintes ao primeiro contacto médico, após uma avaliação cuidadosa de quaisquer contra-indicações.
As diretrizes geralmente favorecem os agentes fibrinolíticos específicos da fibrina (tenecteplase, alteplase ou reteplase), com uma dosagem específica de acordo com a idade e o peso [129, 140].
É importante salientar que, mesmo que a fibrinólise seja efectuada como abordagem terapêutica primária, deve ser sempre seguida de coronariografia e eventualmente de ICP. O tempo de realização da coronariografia depende do sucesso da fibrinólise, baseado em determinados critérios.
Quando o diagnóstico de IAMCST+ é feito em menos de 3 horas após o início dos sintomas, a ICP primária é a estratégia de escolha. Se o tempo previsto entre o diagnóstico de IAM ST+ e a reperfusão mediada por ICP for >120 minutos, então a fibrinólise imediata está indicada. Após 3 horas (e até 12 horas) do início dos sintomas, quanto mais tardia for a apresentação do paciente, maior deverá ser a preferência pela estratégia de ICP primária em detrimento da fibrinólise.
No caso de enfarte avançado ST+ (12 a 48 horas após o início dos sintomas), deve ser considerada uma estratégia de ICP primária de rotina (coronariografia e ICP se indicada) em todos os doentes. Após 48 horas (enfarte recente ST+), a coronariografia deve ser realizada, mas não se recomenda a ICP de rotina numa artéria enfarte totalmente ocluída.
Independentemente do tempo decorrido desde o início dos sintomas, a presença de sintomas sugestivos de isquémia, instabilidade hemodinâmica ou arritmias potencialmente fatais é uma indicação para uma estratégia de ICP primária.

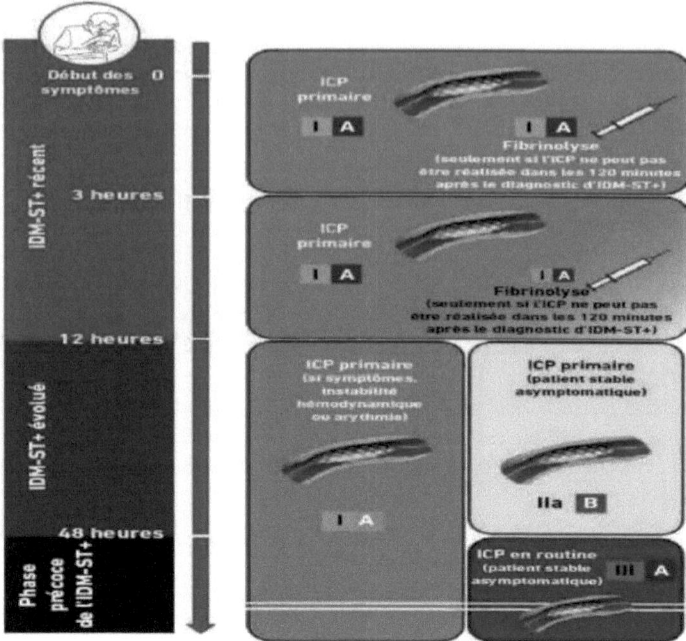

Figura 17: Estratégias de reperfusão da artéria do enfarte de acordo com o tempo decorrido desde o início dos sintomas

Quanto mais tarde o paciente se apresenta (particularmente após 3 horas) [273-275], mais consideração deve ser dada à transferência para ICP primária (em vez de terapia fibrinolítica), pois a eficácia e o benefício clínico da fibrinólise diminuem à medida que o tempo para o início dos sintomas aumenta [273].

- O objetivo do tratamento fibrinolítico é dissolver o trombo através da ativação do plasminogénio, o que leva à formação de plasmina, que cliva as ligações de fibrina no interior do trombo. A alteplase, a tenecteplase e a reteplase são agentes específicos da fibrina, o que significa que se ligam preferencialmente à fibrina num trombo e catalisam a clivagem do plasminogénio preso em plasmina [276], resultando numa fibrinólise localizada com proteólise sistémica limitada. Por outro lado, a estreptoquinase é um agente não específico para a fibrina e causa uma alteração indireta na molécula de plasminogénio, que depois actua como plasmina [276].

B. Modo de ação :

1. Propriedades farmacológicas :

a. reMoléculas de uma geração:

A estreptoquinase é uma proteína altamente purificada obtida a partir de filtrados de culturas de estreptococos β-hemolíticos do grupo C. Ao combinar-se com o plasminogénio, a estreptoquinase (tal como a uroquinase) forma um complexo ativador que metaboliza o plasminogénio em plasmina, permitindo a fibrinólise e a fibrinogenólise.

b. Moléculas de segunda geração :

A alteplase é uma glicoproteína responsável pela degradação do plasminogénio em plasmina, ligando-se seletivamente à fibrina, permitindo assim uma fibrinólise selectiva.

c. **Moléculas de terceira geração** :

A reteplase e a tenecteplase são proteínas recombinantes derivadas do t-PA que catalisam seletivamente, na presença de fibrina, a reação de clivagem do plasminogénio ligado ao trombo em plasmina, que degrada a matriz de fibrina do trombo. Em comparação com o t-PA endógeno, a tenecteplase é mais específica para a fibrina e mais resistente à inativação pelo seu inibidor endógeno (PAI-1).

2. **Farmacocinética** :

Os fibrinolíticos são administrados por via intravenosa (ou intra-arterial). A semi-vida (quadro 1) é um parâmetro que deve ser tido em conta, na medida em que reflecte a duração dos benefícios, mas também dos riscos associados à utilização do produto, pelo que desempenha um papel importante na escolha de um composto para uma indicação específica. A estreptoquinase, por exemplo, tem uma semi-vida longa, o que aumenta o risco de hemorragia, ao passo que a uroquinase tem uma semi-vida extremamente curta, exigindo infusão.

Tabela IV: Diferentes fibrinolíticos e protocolos recomendados pela Sociedade Europeia de Cardiologia (ESC 2017)

Fibrinolítico	Dose
Estreptoquinase	1,5 milhões de unidades em 30-60 min IV (risco de alergia)
Alteplase (tPA)	15 mg IV em bolus 0,75 mg/kg IV durante 30 min (máximo 50 mg) Depois 0,5 mg/kg IV durante 60 min (máximo 35 mg)
Reteplase (tPA)	10 unidades IV em bolus + 10 unidades 30 min depois
Tenecteplase (TNK-tPA)	Um único bólus IV : 30 mg (6000UI) se < 60 kg 35 mg (7000 UI) se < 70 kg 40 mg (8000 UI) se < 80 kg 45 mg (9000 UI) se < 90 kg 50 mg (10000 UI) se > 90 kg Recomenda-se que a dose seja reduzida para metade nos doentes com 75 anos ou mais.

3. Apresentações :

- **Tenecteplase (Metalysis)** : Caixa contendo: 1 frasco para injectáveis de 20 ml de pó com tampa flip-off + 1 seringa pré-cheia de 10 ml com adaptador estéril.

Cada frasco para injectáveis contém 10 000 unidades (50 mg) de tenecteplase.

1 ml de solução reconstituída contém 1.000 unidades (5 mg) de Tenectéplase.

Tenectéplase é um ativador do plasminogénio específico da fibrina produzido pela técnica do ADN recombinante numa linha celular de ovário de hamster chinês.

Regra geral, o Tenecteplase é utilizado nos doentes admitidos antes da 6ª hora. Uma dose adaptada ao peso é diluída em soro fisiológico e administrada durante 10 segundos.

- **t-PA (Alteplase):** dosagem de 50 MG em pó + solvente (50 ML). É administrado de acordo com o protocolo GUSTO III (protocolo acelerado), ou seja, um bólus intravenoso de 15 MG, depois 50 MG a administrar durante trinta minutos e depois 35 MG a administrar durante uma hora. A dose total administrada não deve exceder 100 MG, independentemente do peso.

C. Indicações:

- **Tratamento endovascular** (estreptoquinase).
- **Desobstrução de shunts arteriovenosos** em doentes em hemodiálise com cateteres de demora (estreptoquinase).
- **Embolia pulmonar** (uroquinase, alteplase).
- **Oclusões arteriais ou venosas** recentes (uroquinase).
- **Infarto** agudo **do miocárdio** (< 6 horas: tenecteplase; < 12 horas: alteplase, reteplase).
- Acidente vascular cerebral agudo (< 4H30 horas: alteplase).

D. Contra-indicações para a fibrinólise (ESC 2017):

As contra-indicações para os fibrinolíticos centram-se na prevenção do risco de hemorragia:
Na presença de contra-indicações à terapia fibrinolítica, é importante pesar o efeito potencialmente salvador da vida da fibrinólise contra os efeitos colaterais potencialmente fatais, levando em consideração opções alternativas de tratamento, como a **ICP primária tardia.**

Quadro V: Contra-indicações absolutas para a trombólise

História de hemorragia intracraniana ou acidente vascular cerebral de origem desconhecida
Acidente vascular cerebral isquémico nos últimos 6 meses
Lesão, tumor ou malformação arteriovenosa do sistema nervoso central
Traumatismo grave / cirurgia / traumatismo craniano no mês anterior
Hemorragia gastrointestinal no mês anterior
Distúrbio de hemostase conhecido
Dissecção da aorta
Punções não compressíveis nas últimas 24 horas (biopsia hepática, punção lombar, etc.)

Tabela VI: Contra-indicações relativas à trombólise

Contra-indicações relativas à trombólise

AIT nos últimos 6 meses
Tratamento anticoagulante oral
Gravidez ativa ou 1ª semana pós-parto
Hipertensão refractária (PAS >180 mmHg e/ou PAD > 110 mmHg)
Doença hepática avançada
Endocardite infecciosa
Úlcera péptica ativa
Reanimação prolongada ou traumática

+ Devem ser respeitadas as precauções de utilização relativas aos fibrinolíticos:

- Deve evitar-se a utilização de cateteres rígidos ou injecções intra-musculares recentes (nas últimas 48 horas);
- Deve ter-se especial cuidado na administração de fibrinolíticos a doentes idosos (> 75 anos) e a mulheres hipertensas com baixo peso;
- Deve estar disponível um tratamento anti-arrítmico no momento da administração. bem como equipamento de reanimação;

- Recomenda-se que os fibrinolíticos não sejam utilizados em doentes com menos de 18 anos de idade, devido à falta de estudos de segurança e eficácia (exceto no caso da alteplase, cuja utilização é limitada);
- Os níveis de fibrinogénio e trombina devem ser monitorizados.
- **/Casos especiais: Gravidez e aleitamento:**

4 **A administração de fibrinolíticos a mulheres grávidas** representa um risco hemorrágico importante, particularmente quando injectados no momento do parto. Além disso, estudos em animais mostraram que a uroquinase tem um efeito teratogénico, pelo que a uroquinase não é recomendada para eventos trombo-embólicos em mulheres grávidas. Por outro lado, a reteplase e a estreptoquinase não atravessam a barreira placentária no final da gravidez ou durante o parto.

Não foi demonstrado que os fibrinolíticos sejam excretados no leite materno, mas, por precaução, o leite materno não deve ser utilizado durante 24 horas após a trombólise.

E. Efeitos indesejáveis :

Uma vez que todos os depósitos de fibrina são lisados pelos fibrinolíticos, quer façam parte de um trombo patológico ou hemostático, o principal risco iatrogénico é sobretudo hemorrágico, particularmente no cérebro.

♦ **Perturbações hemorrágicas**: hemorragia no local da injeção, hematoma, epistaxe, hematúria, equimose, hemorragia intracraniana (nomeadamente no tratamento de acidentes vasculares cerebrais agudos), hemorragia dos tratos digestivo, respiratório e urogenital.

♦ **Perturbações cardíacas:** isquémia miocárdica recorrente, insuficiência cardíaca, arritmia de reperfusão.

♦ **Distúrbios vasculares**: embolia, hipotensão.

♦ **Reacções alérgicas raras:** urticária, eritema, artralgia, artrite, convulsões, broncospasmo, redema, hipotensão, mialgia, náuseas, febre, dores nas costas (principalmente com estreptoquinase) (caixa 2).

F. Interações **medicamentosas** :

As interações medicamentosas com fibrinolíticos são relativamente raras devido ao seu curto período de utilização.

Aumento do risco de hemorragia :

- Anti-inflamatórios não esteróides (AINE), salicilatos (aspirina) ;
- Agentes antiplaquetários ;
- Anticoagulantes orais (antivitamina K, ou AVK) ;
- Heparinas (de baixo peso molecular ou não fraccionadas) ;
- Fondaparinux ;
- Antagonistas dos receptores GPIIb/IIIa.
- Aumento do risco de reação anafiláctica: **inibidor da enzima de conversão.**
- **Incompatibilidade físico-química** (risco de precipitação) entre :
- Alteplase e bivalirudina ;
- Reteplase e heparina.

2. Estratégias terapêuticas

A escolha do agente fibrinolítico depende de uma avaliação da relação risco-benefício.

Nos casos de enfarte do miocárdio, deve ser adoptada uma estratégia de reperfusão o mais rapidamente possível. Os fibrinolíticos são geralmente necessários se o acesso a uma bandeja de angiografia coronária não for uma opção. Neste caso, a tenecteplase é o composto mais frequentemente utilizado, pois tem a vantagem de ser administrado num único bólus e tem melhor tolerância hemorrágica do que a reteplase. A elevada antigenicidade da estreptoquinase limita muito a sua utilização.

3. **Conselhos associados** :

4. **Fibrinogénio :**

A concentração de fibrinogénio é mais elevada de manhã e mais baixa entre as 16 horas e a meia-noite, o que pode explicar a hipercoagulabilidade matinal. Esta propriedade fisiológica endógena explica o facto de os fibrinolíticos serem mais eficazes ao fim da tarde. No entanto, embora esta especificidade deva ser tida em conta, os fibrinolíticos são tratamentos de urgência. É impossível decidir quando devem ser administrados, mas deve ser o mais cedo possível.

5. **Após um evento coronário agudo :**

No âmbito de um programa progressivo de reabilitação cardiovascular, os doentes devem ser aconselhados sobre regras de higiene e de alimentação aquando da sua alta hospitalar:

- cessação do tabagismo (substitutos da nicotina) ;
- uma alimentação equilibrada (dietista);
- atividade física regular (cerca de 30 minutos de caminhada por dia);
- gestão do stress.

6. **Após SCA ST+ :**

É importante assegurar que os doentes estão sob os cuidados de um médico de clínica geral e de um cardiologista e que cumprem o tratamento BASIC (beta-bloqueador, antiagregante, estatina, inibidor da ECA, controlo dos factores de risco) para evitar o risco de recorrência.

7. **Procedimento em caso de hemorragia** :

Em caso de hemorragia grave após a utilização de um fibrinólito de 3ª geração combinado com heparina, pode ser utilizado sulfato de protamina. Se isto falhar, podem ser necessárias transfusões de produtos sanguíneos ou mesmo a utilização de ácido tranexâmico (Exacyl®).

8. **Tratamento das reacções anafilactóides** :

A injeção de fibrinolíticos pode provocar reacções anafilactóides excepcionais. Por este motivo, recomenda-se que o tratamento seja imediatamente interrompido se forem detectados os primeiros sinais. Pode seguir-se a administração de anti-histamínicos ou corticóides, ou mesmo de adrenalina.

1. Tratamentos associados aos fibrinolíticos :

1. Terapia antiplaquetária :

A ativação e a agregação plaquetária desempenham um papel fundamental na formação da trombose arterial e são, por isso, alvos terapêuticos importantes no tratamento da síndrome coronária aguda.

As plaquetas podem ser inibidas por três classes de medicamentos, cada uma com um mecanismo de ação diferente:

- Aspirina (ácido acetilsalicílico): ao inibir irreversivelmente a ciclo-oxigenase de tipo 1 (COX-1), bloqueia a formação de tromboxano A2 e reduz a agregação plaquetária.
- Inibidores do recetor P2Y12: este recetor está acoplado às proteínas G e está localizado na superfície das plaquetas. A sua ativação pelo difosfato de adenosina leva à

agregação das plaquetas sanguíneas.

Atualmente, existem três inibidores deste recetor: o clopidogrel (estudo CURE [278], que é desde há muito o inibidor P2Y12 de referência; o prasugrel (estudo TRITON TIMI 38 [279] e o ticagrelor (estudo PLATO [280]).

- Anticorpos GpIIb/IIIa: consistem no bloqueio da glicoproteína IIb/IIIa, o recetor plaquetário do fibrinogénio. Atualmente, estão disponíveis três compostos: abciximab (grau A), eptifibatide (grau B) e tirofiban (grau B). Estão indicados principalmente em indivíduos com elevado risco de complicações (enfarte, morte) para os quais se optou por uma estratégia de angioplastia precoce.

2. Tratamento anticoagulante :

Os anticoagulantes são utilizados para inibir a geração e/ou atividade da trombina, reduzindo assim os eventos relacionados com trombos.

Vários estudos demonstraram um efeito anti-isquémico sinérgico quando combinado com a terapia antiplaquetária. Por conseguinte, a sua utilização é recomendada em SCA (Grau I-A/C).

Foram estudados numerosos anticoagulantes que actuam a diferentes níveis da cascata de coagulação:

- Heparina não fraccionada (HNF)

É uma mistura de moléculas de polissacáridos com um peso molecular de 2.000 a 30.000 Da. Um terço destas moléculas contém uma sequência polissacárida que se liga à antitrombina, aumentando assim a inibição do fator Xa. A principal desvantagem do TI INF reside no seu estreito intervalo terapêutico, exigindo medições repetidas do Tempo de Cefalina Activada para adaptar a dosagem do tratamento. O TI INF foi originalmente desenvolvido como uma terapia, mas atualmente só é utilizado como um tratamento de terceira linha (Grau I-C).

- Heparina de baixo peso molecular (LMWH) :

Os MPBIs têm um peso molecular mais baixo, entre 2.000 e 10.000 Da, e têm atividade anti-Ila e anti-Xa. A sua principal vantagem é o facto de poderem ser administrados por via subcutânea. No entanto, estão parcialmente contra-indicados em casos de insuficiência renal (clearance de creatinina < 30 ml/min). A enoxaparina é o composto mais bem estudado e o mais frequentemente utilizado na prática clínica.

- Fondaparinux :

O único inibidor seletivo do fator Xa atualmente disponível, este pentassacárido liga-se reversivelmente à tanti-trombina, catalisando a sua ação inibidora do fator Xa e impedindo assim a formação de trombina. O fondaparinux (2,5 mg/d) tem o perfil de eficácia/segurança mais favorável em SCA não ST+ (Grau I-A), mas não é recomendado em SCA ST+ tratadas com angioplastia primária (Grau III-B).

- Valirudina :

Esta molécula liga-se diretamente à trombina (fator IIa) e inibe assim a transformação do fibrinogénio em fibrina. A bivalirudina é o tratamento de primeira linha para a angioplastia primária (Grau I-B).

3. Tratamentos anti-isquémicos :

Os tratamentos anti-isquémicos podem reduzir as necessidades de oxigénio do miocárdio (através da redução da frequência cardíaca, da pressão arterial, da pré-carga, etc.) ou aumentar o fornecimento de oxigénio, nomeadamente através da vasodilatação coronária.

a. **Derivados nitro :**

Pouco estudados na fase aguda das SCA, a sua utilização baseia-se sobretudo em considerações fisiopatológicas e na experiência clínica.

Os seus benefícios residem num efeito vasodilatador periférico e coronário que reduz o consumo de oxigénio pelo miocárdio (através da redução da pré-carga e do volume diastólico final) e aumenta o seu aporte (dilatação coronária que resulta numa melhoria do fluxo coronário).

São os mais frequentemente utilizados:

- como tratamento sintomático (dor de angina estabilizada)
- como tratamento do edema pulmonar agudo (EAP)
- para efeitos de diagnóstico ("teste da trinitrina")

b. **Beta-bloqueadores :**

Os beta-bloqueadores inibem competitivamente a fação miocárdica das catecolaminas, reduzindo assim a frequência cardíaca, a pressão arterial e a contratilidade. A sua eficácia na fase aguda está menos estabelecida, como demonstrado por uma meta-análise recente [281]. No entanto, continuam a estar indicados para tratamento endovenoso na fase aguda da SCA, em casos de hipertensão arterial ou taquicardia na ausência de insuficiência cardíaca (Killip > III) (Grau IIaB/C).

c. **Bloqueadores dos canais de cálcio :**

O nível de evidência dos antagonistas do cálcio é igualmente baixo. Todos têm em comum um efeito vasodilatador, nomeadamente nas artérias coronárias, e, em alguns casos, uma ação na condução atrioventricular e na frequência cardíaca.

Têm apenas uma indicação limitada, frequentemente como tratamento de segunda linha para as SCA.

4. **Tratamentos complementares :**

a. **Tratamento analgésico :**

A titulação de morfina intravenosa está indicada para o alívio da dor torácica em SCA ST+ (Grau I-C).

Os seus principais efeitos secundários são náuseas e vómitos, hipotensão com bradicardia e risco de depressão respiratória.

b. **Tratamento da ansiedade**

A dor da angina provoca muita ansiedade, pelo que a primeira medida eficaz consiste em tranquilizar o doente, explicando-lhe as etapas do tratamento (nomeadamente no caso da angioplastia). A morfina é muitas vezes suficiente para relaxar o doente e aliviar as suas dores. Em caso de ansiedade persistente, deve ser considerado um tratamento ansiolítico com uma benzodiazepina (por exemplo, clorazepato de dipotássio) (Grau I-C).

c. **Oxigenoterapia :**

A oxigenoterapia está indicada em casos de hipoxia ($SpO2<95\%$), insuficiência cardíaca aguda e/ou dificuldade respiratória (Grau I-C). A eficácia da oxigenoterapia sistemática (máscara ou óculos de proteção) é incerta. A oxigenoterapia transcapilar deve, no entanto, ser monitorizada sistematicamente.

d. Tratamento da hiperglicemia :

A hiperglicemia é comum em pacientes com síndrome coronariana aguda e está associada ao aumento da mortalidade [282]. O tratamento deve ter como objetivo limitar a hiperglicemia major (>2gl/l), evitando a hipoglicemia, que é uma fonte de complicações [283]. Os níveis de glucose no sangue devem ser medidos sistematicamente durante o tratamento inicial e repetidos em casos de diabetes ou hiperglicemia conhecida (Grau I-C). O seu nível deve ser mantido entre 0,9 g/l e 2 g/l (Grau IIa-B).

J. Evolução :

- **Grau KILLIP:** O grau III ou IV de Killip é sinónimo de mau estado hemodinâmico e tem um carácter pejorativo (disfunção do VE).
- **Escore de risco TIMI:** Foi concebido para determinar o risco de mortalidade de um paciente.

Existe uma relação linear entre a pontuação de risco TIMI e a mortalidade.

Tabela VII: Cálculo do índice de risco de mortalidade TIMI

Indicador de risco	Pontos
Idade igual ou superior a 75 anos	3
Idade entre 65 e 74 anos	2
História de diabetes, hipertensão ou angina	1
Pressão sistólica inferior a 100 mmHg	3
Frequência cardíaca > 100 batimentos por minuto	2
KILLIP grau superior a I	2
Peso inferior a 67 kg	1
Localização anterior de STEMI	1
Tempo de reperfusão superior a 4 horas	1
Total possível por doente	14

K. Tratamento das complicações iniciais

São discutidas as complicações iniciais do enfarte do miocárdio, tendo em conta a sua frequência e gravidade. O seu tratamento específico deve ser combinado com a correção dos factores que para elas contribuem, nomeadamente a discalaxia e a hipoxia.

1. Bradicardia

Podem ser consideradas várias opções de tratamento:

- Monitorização electrocardioscópica isolada, com bradicardia bem tolerada e sem risco de assistolia ;
- Treino electrosistólico externo, indicado para qualquer bradicardia sintomáticos com intolerância hemodinâmica, geralmente relacionada a BAV de alto grau. Também está indicado se houver risco de assistolia ou se o tratamento com atropina for ineficaz;
- Tratamento farmacológico: na ausência de uma causa reversível, a atropina é a melhor escolha.

o tratamento de escolha para qualquer bradicardia sintomática aguda. A isoprenalina não é recomendada e a adrenalina só deve ser utilizada em último recurso.

2. Taquicardias

Podem ser consideradas várias opções de tratamento (Grau B):

- Os doentes em paragem circulatória necessitam de um choque elétrico externo assíncrono (EEC) imediato sem sedação e de reanimação cardiopulmonar (RCP) médica;
- Os doentes em falência hemodinâmica (exceto no contexto de taquicardia sinusal) requerem uma CEP imediata, de preferência síncrona;
- Os doentes conscientes sem falência hemodinâmica, mas com sinais clínicos de intolerância (dor torácica ou PAO) têm a sua estratégia terapêutica detalhada no algoritmo 4 ;
- Doentes conscientes sem sinais de intolerância clínica: taquicardias ventriculares (TV) sustentadas ou polimórficas justificam a administração de amiodarona e/ou de um CEE após sedação. Nos outros casos, a abstenção terapêutica com monitorização contínua é a regra.

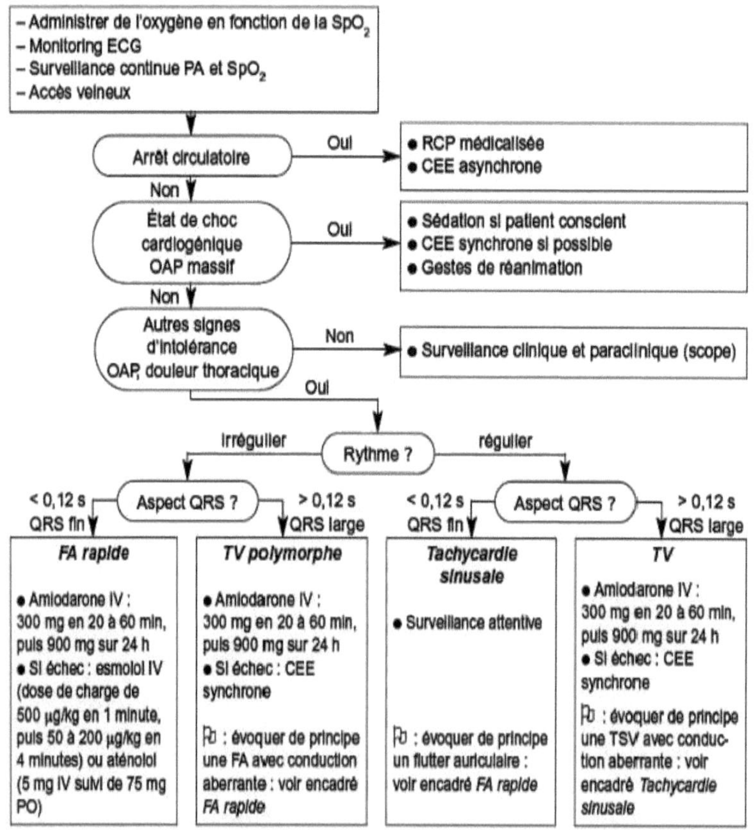

Algoritmo 4. Algoritmo terapêutico para taquicardia (frequência cardíaca > 100 bpm) num doente com SCA, excluindo insuficiência vital e taquicardia bem tolerada (segundo J.E. de la Coussaye et *al).*

Figura 18: Algoritmo de tratamento da taquicardia em doentes com SCA

3. Paragem circulatória (PCR) :

O contexto isquémico da PCR não altera as recomendações gerais do RCP.

A PCR ocorre num enfarte previamente diagnosticado: num doente que recuperou a atividade cardíaca espontânea (RACS), a decisão sobre a estratégia de reperfusão depende da existência ou não de um acesso rápido a uma suite de angiografia coronária de diagnóstico e intervenção (DICT) operacional (embora não possa ser dado um prazo máximo neste contexto). A massagem cardíaca externa não contra-indica a fibrinólise.

- Num doente fibrinolítico, a ocorrência de uma PCR pode ser um sinal de reperfusão coronária. A reanimação prolongada (60 a 90 minutos após a injeção do fibrinolítico) justifica-se para promover a sua eficácia. Na ausência de RACS, não há argumentos científicos para recomendar ou proibir a fibrinólise.
- A PCR é a primeira manifestação de enfarte: não há razão para recomendar a fibrinólise neste contexto.

4. Choque cardiogénico

A estratégia terapêutica baseia-se no tratamento etiológico associado ao tratamento sintomático, e inclui a desobstrução coronária precoce (grau B), preferencialmente por angioplastia, associada a medidas de redução do consumo de oxigénio pelo miocárdio (nomeadamente analgesia e oxigénio). A restauração hemodinâmica baseia-se no enchimento vascular cauteloso (na ausência de sinais de insuficiência ventricular esquerda) com, se necessário, a utilização titulada de catecolaminas (dobutamina em 1ª intenção, noradrenalina em 2ª intenção). A contrapulsação por balão intra-aórtico (BIA) promove a estabilização inicial de doentes em choque cardiogénico secundário a enfarte do miocárdio (Grau B).

5. Eventos hemorrágicos :

- As medidas adequadas foram tomadas caso a caso, desde a simples monitorização com compressão e reajustamento das doses de heparina até à interrupção do trombolítico, infusão de fibrinogénio, medidas de neutralização da plasmina (Iniprol, Antagosan) ou mesmo transfusão de sangue e reanimação em caso de insuficiência cardíaca.
- **A hemorragia foi classificada de acordo com a gravidade utilizando a escala de hemorragia TIMI:**

-Hemorragia grave: hemorragia cerebral ou outra hemorragia acompanhada de uma queda da hemoglobina superior a 5 g/dl (retroperitoneal ou ocular).

-Hemorragia ligeira: qualquer hemorragia acompanhada de uma diminuição da hemoglobina entre 3 e 5 g/dl.

-Hemorragia mínima: hemorragia que provoca uma diminuição da hemoglobina não superior a 3 g/dl.

- Qualquer alteração da função cognitiva ou mesmo um défice sensório-motor indica uma hemorragia intracraniana. A ecografia cerebral é então indispensável para confirmar o diagnóstico e a topografia da lesão e para orientar a abordagem terapêutica que, para além da interrupção da trombólise, pode incluir cuidados intensivos e assistência ventilatória em caso de perturbações da consciência.

6. Recidiva isquémica :

Pode ser causada por extensão a territórios adjacentes (recorrência dolorosa com elevação de ST-T em derivações contíguas, associada ou não a elevação enzimática). Esta complicação ameaça o prognóstico a curto prazo e requer medidas terapêuticas urgentes, como suporte hemodinâmico, ou mesmo coronariografia e revascularização de emergência.

L. Avaliação do tratamento da SCA ST+:

As sociedades científicas e as autoridades de saúde em França selecionaram um certo número de indicadores para avaliar a qualidade da gestão do enfarte do miocárdio, a fim de avaliar e melhorar as práticas profissionais com o objetivo de reduzir a morbilidade e a mortalidade desta doença:

- **Taxa de utilização de primeira linha do centro de atendimento telefónico 15:** Esta é a percentagem de doentes com SCA ST+ ou BCRE recente que recorrem em primeira linha ao centro de atendimento telefónico 15.
- **Tempo médio entre o primeiro contacto médico e a realização do ECG de qualificação :** É o tempo decorrido entre o primeiro contacto médico (PCM: hora de chegada, ao local de prestação de cuidados, de um médico capaz de realizar o ECG de qualificação) e a realização do ECG de qualificação. O ECG de qualificação é definido como o traçado utilizado para confirmar o diagnóstico de SCA ST+. As recomendações actuais fixam esta mediana de tempo em 10 minutos.
- **Taxa de implementação de uma estratégia de reperfusão aguda para SCA ST+:** percentagem de doentes com SCA ST+ ou BCRE recente tratados nas 12 horas seguintes ao início dos sintomas e com
receberam uma técnica de reperfusão coronária (trombólise ou angioplastia).
- **Tempo para angioplastia para SCA ST+:** Esta **é** a mediana do tempo entre o momento da PCM e o momento da insuflação do balão de angioplastia na lesão culpada para pacientes com SCA ST+ ou BCRE recente que foram submetidos a angioplastia nas 12 horas seguintes ao início da dor.

O objetivo atual é de 90 minutos. No caso de dor muito recente (<2 horas), este objetivo é reduzido para 60 minutos.

- **Tempo até à trombólise para SCA ST+: É o** tempo médio entre o início da PCM e o momento da injeção de trombolítico em doentes com SCA ST+ ou BCRE recente que tenham recebido fibrinólise nas 12 horas seguintes ao início da dor. O tempo ideal é atualmente fixado em 30 minutos após o início do tratamento médico.
- **Taxa de encaminhamento direto para um Centro de Cardiologia de Intervenção (CCI) com cateterismo 24 horas:** Esta é a percentagem de doentes que se apresentam com SCA ST+ ou BCRE recente, tratados nas 12 horas seguintes ao início da dor, e que foram encaminhados diretamente para um centro de cardiologia de intervenção com instalações de angioplastia 24 horas.
- **Taxa de terapia antiplaquetária adequada:** É a percentagem de doentes com SCA que receberam uma prescrição adequada de terapia antiplaquetária na fase aguda nas 24 horas seguintes ao início do tratamento.

NB: uma prescrição adequada corresponde a uma prescrição em caso de indicação, ou a uma ausência de prescrição em caso de contraindicação, ausência de indicação ou recusa do doente.

- **Taxa de tratamento anti-coagulante adequado:** É a percentagem de doentes com SCA a quem foi prescrita anticoagulação adequada na fase aguda.
- **Taxa de tratamento com morfina para dor severa: Esta** é a percentagem de doentes com SCA ST+ ou BCRE recente acompanhada de dor torácica persistente e

severa (VAS > 60min ou EN > 6) que receberam tratamento com morfina.

- **Taxa de prescrição adequada de antiagregantes plaquetários, estatinas, beta-bloqueadores e inibidores da enzima de conversão no momento** da alta: **Esta** é a percentagem de doentes com SCA que receberam uma prescrição adequada de antiagregantes plaquetários, estatinas, beta-bloqueadores e inibidores da enzima de conversão no momento da alta.

III/ A rede :

A. Estão envolvidos vários actores e partes interessadas:

Para garantir cuidados de saúde eficazes e sustentáveis, é necessária uma rede que funcione bem, composta por médicos de família, serviços de urgência e hospitais para triagem, primeiros socorros e acompanhamento dos doentes.

Para além do doente, os diferentes intervenientes e contribuintes para esta rede são o médico de clínica geral e o paramédico de serviço na periferia de Mostaganem e no serviço de triagem do Hospital Universitário de Mostaganem, que asseguram o acolhimento e o primeiro contacto médico, o condutor da ambulância ou o bombeiro de emergência que transportam ou evacuam o doente, o cardiologista (estatal ou privado) ou o reanimador que confirma o diagnóstico, elimina as contra-indicações e efectua a trombólise, e o cardiologista de intervenção estatal ou privado que efectua a angioplastia de resgate se a trombólise falhar.

B. Organização:

A SCA é uma doença grave que pode pôr a vida em risco se o diagnóstico e o tratamento forem atrasados. Para garantir cuidados de saúde eficazes e sustentáveis, é necessária uma rede que funcione corretamente para a triagem, os primeiros socorros e o acompanhamento dos doentes.

Na ausência de uma sala de cateterismo perto de Mostaganem, e com o objetivo de proporcionar um bom tratamento de trombólise de emergência a todos os nossos doentes que apresentem um STEMI e assegurar a sua reperfusão coronária, é absolutamente urgente a criação de uma rede regional de tratamento do STEMI.

A organização desta rede assenta num grupo de trabalho constituído por cardiologistas, reanimadores e médicos de urgência, que foi criado para dar formação contínua aos médicos dos vários pontos de urgência da região, bem como informação ao público em geral. O objetivo desta rede organizada em Mostaganem é o de trombolizar todos os doentes que dão entrada na UMC com uma síndrome coronária aguda ST+ num prazo máximo de 12 horas. A organização dos cuidados de urgência e do transporte dos doentes com STEMI tem por objetivo conseguir a reperfusão nas primeiras horas.

A configuração atual da Wilaya de Mostaganem, com as suas dez (10) Dairas e trinta e duas (32) comunas, é o resultado da terceira e última divisão que data de 1984 (lei n°84-09 de 04/02/1984 e textos subsequentes).

A análise da literatura orientou-nos na escolha dos fármacos a utilizar na reperfusão coronária por trombólise. Em Mostaganem, a trombólise baseia-se nomeadamente nos dois fibrinolíticos disponíveis ao nosso nível, Alteplase e Tenecteplase, com tratamento adjuvante baseado na anticoagulação com heparinas de baixo peso molecular (estudo EXTRACT TIMI 25) e dupla antiagregação plaquetária com aspirina e Clopidogrel (validado pelo estudo CLARITY-TIMI 28).

De momento, a trombólise continua a ser administrada nos hospitais, com a perspetiva de ser introduzida em ambientes pré-hospitalares.

C. Estratégia:

A escolha da nossa estratégia de reperfusão foi baseada nas recomendações actuais, nomeadamente na Conferência de Consenso Francesa e nas recomendações da ESC (Sociedade Europeia de Cardiologia) de 2017, que distinguem entre síndromes coronárias agudas ST+ precoces (tempo entre a dor e o ECG de qualificação inferior a 3 horas) e tardias (tempo > 3 horas).

Na nossa rede, com base nas recomendações nacionais e internacionais, qualquer doente da nossa região que apresente uma síndrome coronária aguda ST+ é encaminhado para o serviço da UMC de Mostaganem para ser rapidamente assistido por um médico de urgência e um médico de reanimação disponível 24 horas por dia, 7 dias por semana, a fim de validar o diagnóstico de STEMI, diretamente ou por telemedicina, por um cardiologista disponível na nossa rede, e admiti-lo na unidade de trombólise no âmbito da atividade da unidade de reanimação da UMC.

Criámos também uma base de dados de municípios, com um tempo de transporte para cada município que deve ser respeitado para evacuar qualquer doente com STEMI, e uma estratégia precisa definida previamente para poupar tempo pré-hospitalar.

A angioplastia primária é, sem dúvida, a estratégia de escolha no tratamento do EAMCST, mas não existe na nossa região de Mostaganem, porque requer uma sala de cateterismo e uma equipa treinada disponível 24 horas por dia, 7 dias por semana, e tem de ser realizada no prazo de 120 minutos após o ECG de qualificação.

D. Avaliação :

O maior número possível de doentes só pode ser tratado no âmbito de uma rede organizada, envolvendo a UMC, o serviço de cardiologia com ou sem sala de cateterismo, o INEM, os médicos de família e os cardiologistas gerais. Esta rede está centrada na unidade de trombólise da UMC e o percurso foi definido para reduzir os atrasos de tratamento. As clínicas privadas de cardiologia de Mostaganem estão totalmente integradas nesta rede de trombólise. Os protocolos foram redigidos e validados por médicos de urgência e cardiologistas. A informação sobre a rede foi fornecida aos profissionais de saúde e aos particulares após a sua criação.

O nosso procedimento é regional, com o internamento primário sempre em Mostaganem. A distância de transporte em função das comunas distingue 2 grupos (40/90 min).

A rede está a ser avaliada através de um registo, a fim de avaliar a qualidade das nossas práticas, avaliar a gestão da síndrome coronária aguda ST+ em termos de estratégia de reperfusão e de encaminhamento dos doentes e, finalmente, melhorar esta gestão através da otimização dos atrasos e dos tratamentos.

Desde a criação do registo, em 1 de dezembro de 2018, foram trombolizados mais de 300 STEMIs, com uma taxa de completude próxima de 95%.

E. Região de Mostaganem:

1. Apresentação:

A Wilaya de Mostaganem é uma wilaya da Argélia, no Norte de África. [1] [2]Tem **806408**

habitantes numa área de 2.269 km . A densidade populacional da Wilaya de Mostaganem é, portanto, de 355,4 habitantes por km2.

A configuração atual da Wilaya, com as suas dez (10) Dairas e trinta e duas (32) comunas, é o resultado da terceira e última divisão que data de 1984 (lei n°84-09 de 04/02/1984 e textos posteriores).

1. Daïra de Achaacha - 2. Daïra de Ain Nouissi - 3. Daïra de Ain Tadles - 4. Daïra de Bouguirat - 5. Daïra de Hassi Mameche - 6. Daïra de Khiredine - 7. Daïra de Mesra - 8. Daïra de Mostaganem - 9. Daïra de Sidi Ali - 10. Daïra de Sidi Lakhdar

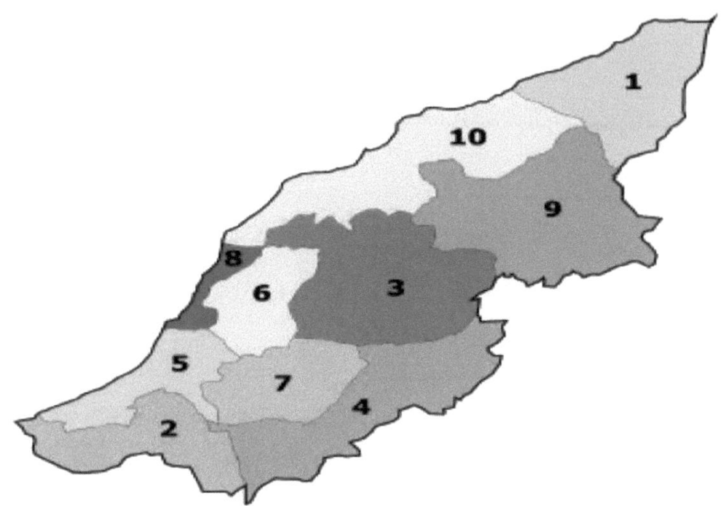

Figura 19: Localização dos Jairas na wilaya de Mostaganem

Tal como o resto da população argelina, a população da wilaya é jovem, com cerca de 39% da população com menos de 20 anos. A faixa etária dos 20 aos 59 anos representa mais de metade da população da wilaya. Como corolário, a população com 60 anos ou mais é muito reduzida, com pouco menos de 7% da população total da comuna. No entanto, a taxa de natalidade tem vindo a diminuir desde o final dos anos oitenta.

A wilaya de Mostaganem dispõe de um hospital universitário (CHU), 6 hospitais gerais (em Mostaganem, Sidi Ali, Ai'n Tedles, Mesra, Bouguirat e Achaacha) e 2 hospitais especializados (EHS) (EHS Mère-Enfants Lala Kheira, EHS psychiatrique). [22]A wilaya dispõe igualmente de 6 estabelecimentos locais de saúde que prestam cuidados primários (EPSP), com 28 policlínicas e 162 salas de tratamento repartidas por toda a wilaya.

2. Distâncias e itinerários para as diferentes queijarias da wilaya de Mostaganem:

Quadro VIII: Distância das queijarias à cidade principal (wilaya de Mostaganem)

Dai'ra	Comunas	Distância	Curso
Mostaganem	Mostaganem		
Achaacha	Achaacha- Nekmaria- Khadra-OuledBoughalem	77 Km	1h20 Min
Ain Nouissy	Ain Nouissy - Fornaka- El Haciane	19 Km	28 MIN
Ain Tadeles	Ain Tadeles - Sour - Sidi Belatar - Oued El Kheir	22 Km	29 Min

Bouguirat	Bouguirat- Sirat- Safsaf-Souaflias	37 Km	44 Min
Hassi Mameche	Hassi Mameche - Stidia - Mazagran	11 Km	19 Min
Kheir Eddine	Kheir Eddine - Sayada- Ain Boudinar	10 Km	16 minutos
Mesra	Mesra- Mansourah- Touahria-Ain Sidi Cherif	17 Km	22 minutos
Sidi Ali	Sidi Ali - Tazgait- Ouled Maalah	46 kM	50 min
Sidi Lakhdar	Sidi Lakhdar - Hadjadj - Ben Abdelmalek Ramdane	48,6 km	

3. Infra-estruturas sanitárias (wilaya de Mostaganem) em 2019:

Quadro IX: Infra-estruturas sanitárias (wilaya de Mostaganem) em 2019

INSTALAÇÕES DE SAÚDE NA WILAYA

INFRASTRUCTURES SANITAIRES DE LA WILAYA			
Désignation	Nbre	Ratio Wilaya	Ratio national
Hôpitaux	08	1,62/ 1000 Hab	2 ‰ Public
Nbre de lits	1313	1,2 ‰	2 ‰
Polycliniques	28	1/29935 hab	1/25000 hab.
Salles de soins	162	1/5498 hab	1/5000 hab.

Figura 20: Localização de vários hospitais na wilaya de Mostaganem

F. Percurso dos doentes coronários ST+ com menos de 12 horas na região de Mostaganem:

1. Via de tratamento recomendada para SCA ST+ de acordo com a ESC 2017:

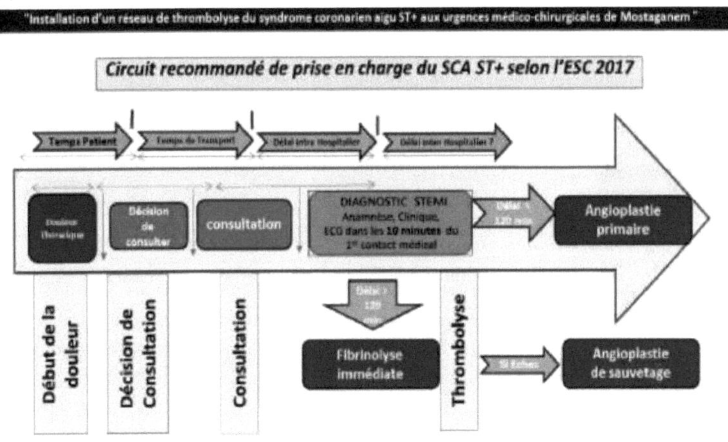

ESC 2017 : European Society of Cardiology

Figura 21: Via de gestão do STEMI recomendada de acordo com a ESC 2017

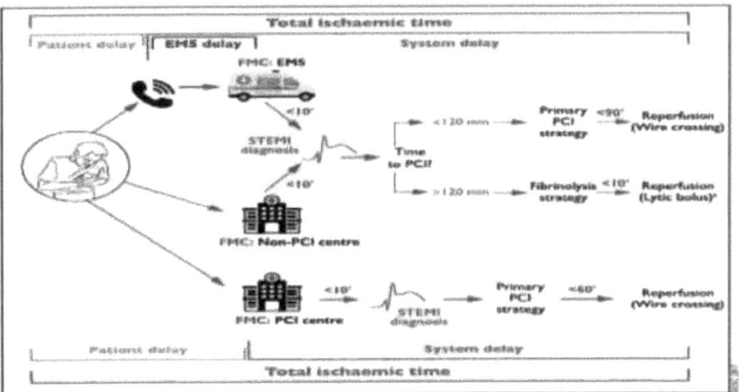

Figura 22: Algoritmo de estratégia de reperfusão de STEMI de acordo com as recomendações da ESC 2017.

2. Circuito STEMI em Mostaganem antes da instalação da rede:

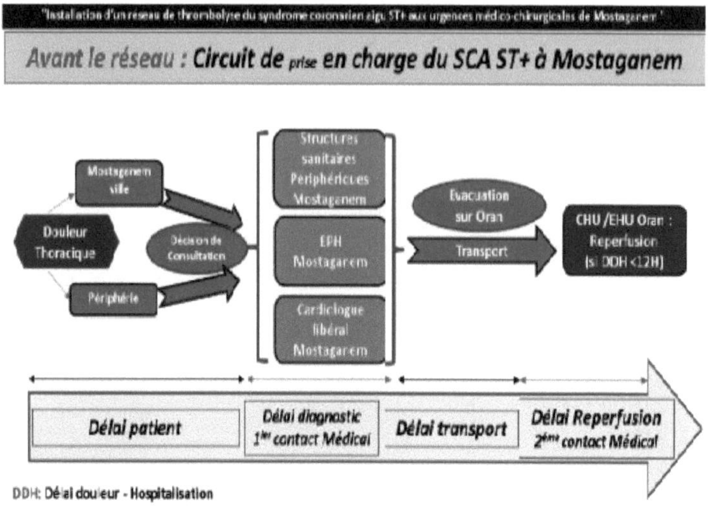

Figura 23: Circuito de gestão do STEMI em Mostaganem antes da instalação da rede

c- Circuito STEMI em Mostaganem após a instalação da rede :

Д com a *rede*: ***circuito de gestão ST+ ACS em Mostaganem***

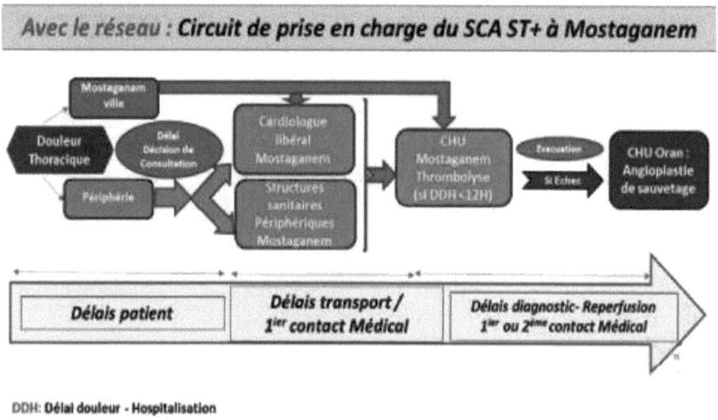

Figura 24: Circuito de gestão do STEMI após a instalação da rede em Mostaganem

CAPÍTULO III

ESTUDO PRÁTICO

1. Metodologia do estudo :

1. Hipótese(s) de investigação :

> Propor uma estratégia de trombólise adaptada à nossa região através da criação de uma unidade de trombólise e da gestão de uma rede eficaz.

> Reduzir a morbilidade e a mortalidade por STEMI na wilaya de Mostaganem.

> Formação e assistência a médicos de emergência e de emergência médica na leitura de ECG e fibrinólise.

> Solicitar o equipamento e os medicamentos necessários para fazer face a esta emergência vital.

> Sensibilizar o público em geral para esta emergência e para os seus factores de risco.

> Identificar factores preditivos de complicações da trombólise.

> Limitar o tempo decorrido entre a clínica da dor, o diagnóstico de STEMI e a trombólise.

2. Objectivos do estudo :

a. Objetivo principal:

- Melhorar a gestão dos doentes com STEMI através da criação de uma rede de trombólise nos serviços de urgência do Hospital Universitário de Mostaganem.

b. Objectivos secundários:

- Reduzir o tempo entre a apresentação clínica da dor torácica, o diagnóstico de STEMI e a trombólise.
- Identificar factores preditivos de complicações da trombólise.
- Propor uma estratégia de trombólise adaptada à nossa região.

I. Objectivos e impacto do estudo :

a. Educação :

- Formação de médicos de clínica geral na investigação, diagnóstico e tratamento da síndrome coronária aguda.

b. Científico :

- Avaliação de uma nova abordagem para o tratamento de doentes coronários.

c. Saúde pública :

- Propor uma estratégia de trombólise semelhante à nossa para outras regiões do país que não dispõem de uma sala de cateterismo, como Mostaganem.

d. Socioeconómico :

- Reduzir as complicações e os internamentos hospitalares, poupando assim recursos humanos e financeiros.

II. Protocolo de estudo :

A. Materiais e métodos :

1. Tipo de estudo :

Trata-se de um estudo prospetivo, unicêntrico, observacional e descritivo, dirigido a doentes hospitalizados por EAMCST com um atraso entre o início da dor e a hospitalização inferior a 12 horas.

2. Duração do estudo e ligação :

A duração do estudo é estimada em 4 anos no serviço de urgência de Mostaganem.

3. População do estudo :

a. Critérios de inclusão :

- Todos os doentes que apresentam um STEMI vão para o serviço de urgência de Mostaganem
- Mulheres e homens
- Idade compreendida entre os 18 e os 75 anos.
- O período de inclusão: 2019- 2022.

b. Critérios de não-inclusão :

- Doentes com dor torácica mas sem ST+.
- Pacientes que estão a progredir há mais de 12 horas.
- Doentes com mais de 75 anos.

4. Critérios de exclusão :

Estes são os critérios que contra-indicam o tratamento trombolítico e, por conseguinte, excluem os doentes do protocolo:

- Acidente vascular cerebral hemorrágico de qualquer idade
- Acidente vascular cerebral isquémico com menos de três meses
- Neoplasia intracraniana conhecida
- Malformação cerebrovascular conhecida
- Suspeita de dissecção da aorta
- Hemorragia ativa ou doença hemorrágica
- Traumatismo craniano ou facial fechado grave com menos de três meses
- Hipertensão mal controlada
- Reanimação cardiovascular prolongada (mais de 10 minutos)
- Cirurgia de grande porte recente (menos de 3 semanas)
- Hemorragia interna recente (menos de um mês)
- Punção de vasos não compressíveis

-Gravidez

- Úlcera péptica ativa
- Tratamento anticoagulante atual

5. Critérios de avaliação :

Os critérios para uma trombólise bem sucedida são clínicos e eléctricos:

- O desaparecimento da dor.
- Redução da ultrapassagem em, pelo menos, 50%.
- O aparecimento de um ritmo idioventricular acelerado (AIVR).

6. Dimensão mínima da amostra :

- A dimensão mínima da amostra será de 200 pacientes.
- É calculado através da seguinte fórmula: $^{2}\mathbf{N= z . p. (1\text{-}p) / i^2}$

n = tamanho mínimo da amostra para obtenção de resultados. z = nível de confiança de 95% (valor padrão de 1,96) p = prevalência estimada de IAMCSST (15%).

i = precisão do estudo. Margem de erro de 5% (valor padrão de 0,05).

- Assim, para um acontecimento com uma probabilidade de 15%, com um nível de confiança de 95% e uma margem de erro de 5%, a dimensão mínima da amostra será

N=1,962x0,15x0,85/0,052 = 195,9.

- O tamanho mínimo da nossa amostra é de 196 pacientes, mas pode ser aumentado para 200 pacientes.

111. Realização do estudo :

Realizámos um estudo prospetivo no serviço de urgência do Hospital Universitário de Mostaganem durante um período de quatro anos, de dezembro de 2018 a novembro de 2022, durante o qual trombolizámos todos os doentes que se apresentaram na urgência com um STEMI com menos de 12 horas, ou seja, 295 doentes no total.

Os dados foram recolhidos pelo médico de urgência ou pelo especialista (cardiologista ou reanimador) de serviço, imediatamente após a admissão ou após um atraso devido ao carácter urgente do tratamento.

O nosso tratamento foi efectuado de acordo com as recomendações internacionais para o STEMI, após ter informado o doente do risco e da importância vital da trombólise, bem como da

objectivos do estudo.

Aquando da admissão, o interrogatório do doente ou dos seus familiares deve procurar identificar :

A. Método de consulta e percurso do doente :

- Chegou diretamente de sua casa ao A&E,
- Indicado por um médico (público ou privado),
- Ou evacuado por razões médicas de outro hospital.

B. Recolha de dados dos doentes :

- Idade e género.
- Peso, altura, índice de massa [IMC=peso (KG)/altura2 (m2)].
- Endereço.
- Nível de educação.
- Estatuto social.
- Emprego.

C. Avaliação clínica completa :

1. Investigação sobre os factores de risco cardiovascular :

- **Idade** igual ou superior a 50 anos para os homens e 60 anos para as mulheres
- Tabagismo ativo, tabagismo passivo ou cessação do tabagismo há menos de três anos.
- **Hipertensão arterial**: de acordo com as recomendações europeias.

Quadro X: Hipertensão segundo as recomendações europeias

Categoria	PAS (mmHG)		DAP (mm HG)
Hipertensão ligeira	**140-159**	e/ou	**90-99**
Limite HTA	**140-149**	e/ou	**90-94**
Hipertensão moderada	**160-179**	e/ou	**100-109**
Hipertensão grave	**> 180**	e/ou	**> 110**
Hipertensão sistólica isolada	**> 140**	E	**< 90**
Hipertensão sistólica limítrofe	**140-149**	E	**< 90**

- **Diabetes: definida de acordo com as normas da AFSSAPS como** um nível de glucose > 1,26 g/l.
- **História de doença coronária**: angina, enfarte do miocárdio, angioplastia e cirurgia de bypass.
- **Dislipidemia**: que inclui, isoladamente ou em combinação :

1. Nível de colesterol LDL >1,6g/l.
2. Níveis de HDL-c <0,40g/l
3. Níveis de triglicéridos >1,5g/l
4. Colesterol total > 2g/l

- **Hereditariedade coronária.**
- **Excesso de peso**: de acordo com os critérios do Grupo de Trabalho Internacional para a Obesidade.

Quadro XI: Excesso de peso de acordo com os critérios do Grupo de Trabalho Internacional para a Obesidade.

Classificação	IMC
Excesso de peso	**25,0-29,9**
Obesidade	**> 30,0**

- **Menopausa.**
- **Stress.**

2. História pessoal :

- Consumo de álcool, canábis e outras drogas.
- História de acidente vascular cerebral ou ataque isquémico transitório.
- História de doença arterial periférica ou doença venosa tromboembólica.
- História de doença renal crónica: DRC.
- História de doença respiratória crónica: asma e DPOC.
- História de doenças da tiroide: hiper e hipotiroidismo.
- Antecedentes de patologia gástrica: úlceras e gastrite.
- História de arritmia de fibrilhação auricular completa (CAFA).
- História de hemorragia.
- Tratamento em curso.
- Uma injeção intramuscular recente.

3. Diagnóstico clínico na admissão :

À procura de :

- Dor no peito (angina): tipo, intensidade, momento e modo de aparecimento.
- Dor epigástrica (eventualmente equivalente a uma angina).
- Dispneia e estado funcional de acordo com a classificação N.Y.H.A.
- Classificação KILLIP
- Ritmo cardíaco, tensão arterial.
- Rales pulmonares e sinais de insuficiência cardíaca direita.
- Teste do derivado do nitrato: ver a evolução da angina em Risordan 5mg sublingual.
- **Os diferentes prazos :**
- Hora do início da dor no peito.
- Hora da primeira consulta.
- Hora do primeiro contacto médico especializado.

- Hora de chegada do doente "noite ou dia".

- **Classificação de Killip**: avalia o estado hemodinâmico do doente em quatro graus:

- Grau 1: hemodinamicamente estável.
- Grau 2: hemodinâmica limítrofe.
- Graus 3 e 4: estado hemodinâmico deficiente ou mesmo choque cardiogénico.

D. Eletrocardiograma :

17 derivações para especificar :

- Frequência cardíaca.
- Ritmo cardíaco: sinusal, ACFA.
- Perturbações da repolarização sugestivas de sinais isquémicos:
  - Segmento ST: Deslocamento do Sus (amplitude, território).
  - Onda T: isquémia subepicárdica (amplitude, território).
  - Sequelas de necrose (território)
  - Distúrbio de condução (BBG, BBD, BAV)
  - Perturbações do ritmo (ESV, VT)

- Elevação de ST-T em milímetros (mm), o principal critério de inclusão.

Em todos os casos, a anamnese e o ECG foram suficientes para fazer o diagnóstico de enfarte do miocárdio em desenvolvimento e justificar o início do tratamento fibrinolítico.

E. Controlo biológico :

Incluindo, com carácter de urgência :

- Glicose no sangue.
- Grupos sanguíneos.
- Função renal: ureia, creatinina
- Fórmula do hemograma: hemoglobina, plaquetas, glóbulos brancos.
- Medição das troponinas ultra-sensíveis (Tus).
- Análise da hemostase: determinação da taxa de protrombina, PT/INR e APTT
- Níveis de HBA1c.
- Equilíbrio lipídico

F. Tratamento terapêutico :

São necessários dois protocolos de tratamento:

- **A angioplastia primária (o gold standard)** é a técnica mais segura e eficaz, reabrindo a artéria ocluída em mais de 90% dos casos, em comparação com apenas 60% para a fibrinólise.
- **A fibrinólise** tem a vantagem da simplicidade, uma vez que pode ser efectuada em qualquer parte do país. A sua eficácia é maior nas primeiras 3 horas após o início dos sintomas. O risco de hemorragia intracerebral (entre 0,5 e 1%) é inevitável, apesar do cumprimento rigoroso das contra-indicações. Dois fibrinolíticos são recomendados para a repermeabilização. São eles o Tenecteplase e o Alteplase.
- Os peritos do HAS recomendam a utilização preferencial de tenecteplase, um produto específico da fibrina que pode ser utilizado como um único bólus intravenoso durante aproximadamente 10 segundos, com uma semi-vida curta, adaptável ao peso do doente e uma dose não superior a 10 000 UI, ou seja, 50 mg de tenecteplase em comparação com o Alteplase.

Terapias associadas :

- **Terapia com heparina:** O Lovenox é o único HBPM que oferece uma alternativa terapêutica à heparina não fraccionada nesta indicação. É administrado sob a forma de 2 injecções subcutâneas por dia (com 12 horas de intervalo), cada uma contendo 100UI Anti-XA/kg.
- **Agentes antiplaquetários**: 250 mg em bolus, seguidos de 160-300 mg/dia por via oral.
- **Bloqueadores beta**: O Metoprolol (200 mG tab) e o Atenolol (100 mg tab) foram sistematicamente prescritos na ausência de qualquer alteração do estado hemodinâmico ou de contraindicação (BAV, insuficiência cardíaca, asma brônquica ou frequência cardíaca inferior a 50 Bpm), contribuindo para atenuar a reação adrenérgica inicial.
- **Inibidores da enzima de conversão (ICE)**: Captopril (25 MG tab) e Ramipril (1,25 e 5 Mg tab) foram prescritos inicialmente como dose de teste e depois em doses crescentes, dependendo da resposta da pressão arterial. Foram respeitadas as contra-indicações habituais (insuficiência renal, hipotensão arterial, extensão da VD). Os inibidores da ECA, que reduzem a remodelação do VE, foram mantidos por um período mínimo de seis a oito semanas, ou até mais, em casos de disfunção ventricular esquerda.
- **Analgésicos:** como o Nefopam (ACUPAN) foram utilizados em formas hiperalgésicas, sob reserva de contra-indicações (insuficiência respiratória).
- **Inotrópicos positivos**: indicados no choque cardiogénico ou enfarte do ventrículo direito. Utilizamos Dobutamina de 5 a 25 γ/Kg/min ou Dopamina de 3 a 20γ/Kg/min.
- **Diuréticos**: 20 mg de injeção de furosemida para a insuficiência ventricular esquerda.
- **Estatinas**: prescritas exceto se contra-indicadas (intolerância, insuficiência hepática, esteatose)

G. Ecocardiografia :

Foi efectuado nas primeiras 48 horas de hospitalização. Este exame é efectuado à cabeceira do doente e serve para analisar a função ventricular esquerda pelo método de Simpson (FEVE global).

Uma fração de ejeção do ventrículo esquerdo inferior a 40% é um sinal de disfunção ventricular esquerda.

H. Evolução :

- **Curto prazo:** representa a evolução do doente durante a trombólise e imediatamente após a trombólise até quarenta e oito horas de hospitalização numa unidade de cuidados intensivos (UCI).
- **Evolução clínica:** a intensidade da dor torácica é registada à chegada e reavaliada após a trombólise para verificar se há exacerbação ou redução. Se a dor desaparecer nas primeiras três horas após a trombólise, é uma indicação de reperfusão coronária, enquanto que se persistir, a reperfusão falhou.
- **Estado hemodinâmico: o grau de Killip** é reavaliado na UCI.
- **Alterações electrocardiográficas :**

Observa-se o aparecimento de uma onda "Q" necrótica ou o início de um ritmo RIVA idioventricular acelerado. O segmento ST é analisado após a trombólise. Uma redução de pelo menos 50% do supradesnivelamento do ST nas 3 horas após a trombólise e o aparecimento de um ritmo idioventricular acelerado (RIVA) são fortemente sugestivos de recanalização coronária, enquanto que a não redução do supradesnivelamento do ST sugere que a artéria permaneceu ocluída. O aparecimento de uma onda Q não é necessariamente sinónimo de não-recanalização.

- **Alterações dos parâmetros ecocardiográficos :**

Foi realizada uma ecografia cardíaca completa em todos os doentes às quarenta e oito horas, em caso de evolução favorável, no final do internamento na UCI.

- **Internação em UTI :**

Se a evolução for favorável, o doente é transferido para a cardiologia no prazo de 48 horas; se a evolução for desfavorável, o doente é mantido em suporte hemodinâmico.

Se a reperfusão falhar, os nitratos orais são mantidos e o doente é reencaminhado para Oran para efetuar uma coronariografia.

Alta da UTI e transferência para a cardiologia:

A efetuar no dia 2 se a evolução inicial for favorável.

I. Complicações :

- **Qualquer deterioração do estado hemodinâmico**: pode ser devida a uma disfunção do VE, a uma hipovolémia, a uma extensão do ventrículo direito (VD) ou a uma perturbação do ritmo ou da condução (monitorização ECG) que exija adaptações terapêuticas e/ou medidas urgentes (cardioversão, antiarrítmicos, atropina, treino electro-sistólico, enchimento e inotrópicos positivos).
- **Qualquer hemorragia externa ou oculta**: que tenha sido atribuída ao tratamento trombolítico; para tal, os locais de punção, a cavidade oral e o compartimento mucocutâneo são sistematicamente examinados para detetar placas equimóticas.

J. Mortalidade :

As mortes são definidas como cardiovasculares quando são ataques cardíacos fatais ou mortes que não se devem a uma causa claramente não-cardiovascular, como mortes por cancro, infeção, traumatismo ou suicídio.

[e]A mortalidade num mês foi considerada da seguinte forma: óbitos antes da 6ª hora de admissão, óbitos antes da 24ª hora e, finalmente, óbitos ocorridos entre um e trinta dias.

As caraterísticas clínicas dos doentes que morreram foram comparadas com as dos sobreviventes.

K. Fim e conclusão do estudo :

Considera-se que um doente concluiu o estudo no momento da sua morte ou quando a observação clínica tiver terminado aos três meses.

Os doentes podem ser retirados do estudo devido a um acontecimento intercorrente, morte, um doente "perdido no seguimento" ou retirada do consentimento ("alta contra conselho médico").

L. Apresentação dos resultados e testes estatísticos :

Os resultados são expressos por grupo etário: são definidos quatro grupos etários: doentes com menos de 45 anos, doentes com 45 a 54 anos, doentes com 55 a 64 anos e doentes com 65 a 75 anos.

As comparações das variáveis quantitativas foram efectuadas utilizando o teste F (análise de variância) e o teste t de Student.

As comparações das variáveis categóricas foram efectuadas utilizando o teste do Qui-quadrado.

Os dados foram **analisados** com recurso ao software SPSS 26.

M. Ética :

O consentimento informado de todos os doentes foi considerado necessário e respeitado neste estudo (ver Anexo 1).

IV. Resultados :

A. Antes de instalar a rede :

Antes da criação da nossa rede no EPH de Mostaganem, e no registo do departamento de cardiologia, durante os primeiros 11 meses de 2018, encontrámos apenas 10 doentes trombolisados de todas as idades, como mostram as figuras e tabelas 11, 12 e 13, principalmente devido à falta de cardiologistas no hospital, e os pacientes com STEMI da região foram obrigados a ser evacuados com urgência para o Hospital Universitário de Oran, à custa de serem tratados em intervalos muito longos e sujeitos a complicações.

Quadro XII: Número de pessoas que receberam trombolíticos antes da rede, por sexo

Género	Frequência	%
Homens	6	60
Mulher	4	40
Total	10	100

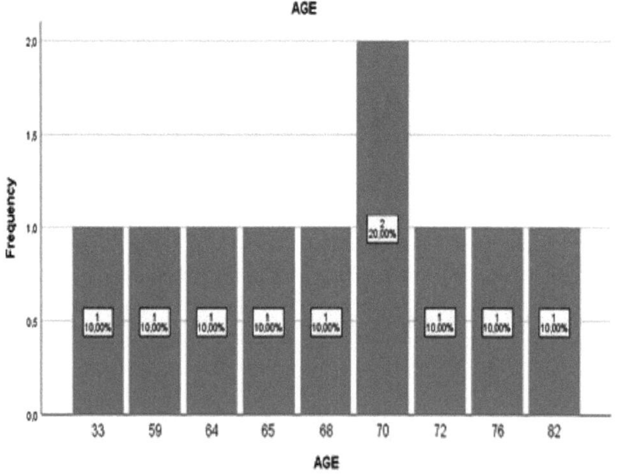

Figura 25: Distribuição etária dos doentes que receberam trombólise em 2018 antes da criação da rede

Quadro XII: Número de pessoas que receberam trombolíticos antes da rede, por sexo e grupo etário

Sexo / Idade	<45 anos	Idade 55 a 64 anos	65 a 75 anos	> 75 anosrc	TAL
Homens	1	1	4	0	6
Mulher	0	1	2	1	4
TOTAL	1	2	6	1	10

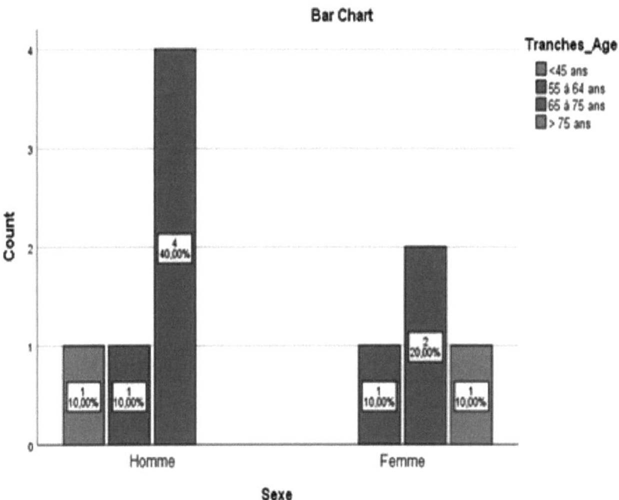

Figura 26: Número de efectivos em 2018, por sexo e grupo etário

Quadro XIII: Fibrinolíticos utilizados por sexo antes da rede

Sexo / Idade	TENECTEPLASE	ALTEPLASE	TOTAL
Homens	4	2	6
Mulher	4	0	4
TOTAL	8	2	10

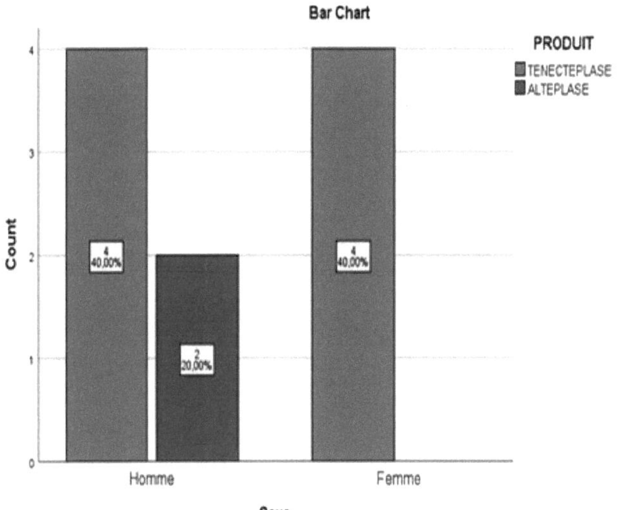

Figura 27: Número de doentes tratados com trombólise, por sexo e por medicamento

B. Depois de instalar a rede :

Nossa análise diz respeito aos dados de 295 pacientes das diferentes regiões de

Mostaganem que foram coletados e trombolizados durante quatro anos consecutivos (36 meses) para STEMI no departamento de emergência de Mostaganem entre dezembro de 2018 e novembro de 2022.

Quadro XIV: Número de doentes com STEMI trombolizados por ano após a criação da rede

Ano	Frequência	%
2019	66	22,4
2020	72	24,4
2021	72	24,4
2022	85	28,8
Total	295	100,0

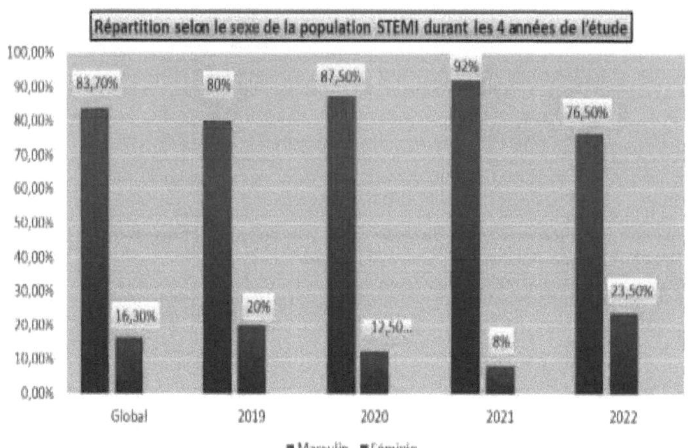

Figura 28: Número de doentes trombolizados no estudo, por ano e sexo

2. Caraterísticas da população :

a. Repartição por género :

A nossa população de 295 doentes coronários era constituída por 247 homens (**83,73%**) e 48 mulheres (**16,3%)**. Verificou-se um claro predomínio do sexo masculino, com um rácio de **5,1**, ou seja, cinco homens por cada mulher.

Quadro XV: Repartição da população com STEMI por género

Força de trabalho	Frequência	%	Total	Razão de sexo
Homens	247	83,73%	295	5,14
Mulheres	48	16,3%	100%	

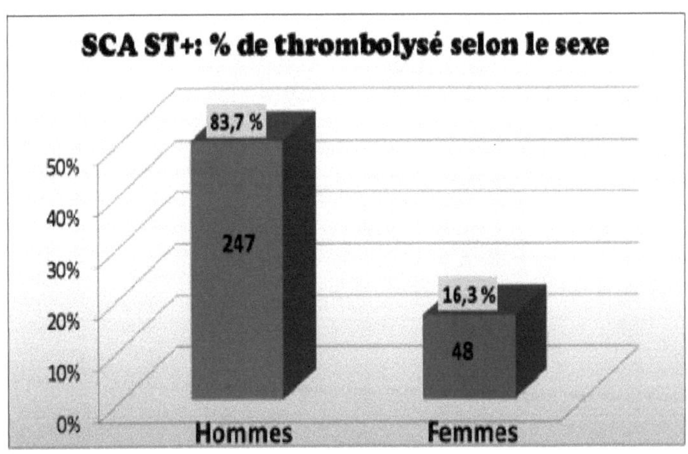

Figura 29: Número de doentes trombolizados no estudo, por sexo

b. Idade média da população estudada :

A idade média da nossa população total é de **57,85 anos** (com extremos de 27 e 75 anos). As mulheres eram ligeiramente mais velhas (idade média de **62,13 anos**) do que os homens (idade média de **57,02** anos) com um p = 0,002.

Quadro XVII: Idade média da amostra por sexo e diabetes

	IDADE MÉDIA	INTERVALO	FORÇA DE TRABALHO	P
SÉRIE	57,85 ± 10,51	Idade 27-75 anos	295	-
HOMENS	57.02 ± 10,52	Idade 27-75 anos	247	
MULHERES	62,13 ± 9,47	Idade 38-75 anos	48	0,002
DIABÉTICA	62,26 ± 8,37	42-75 anos	80	
NÃO DIABÉTICOS	56,21 ± 10,77	Idade 27-75 anos	215	0,0001

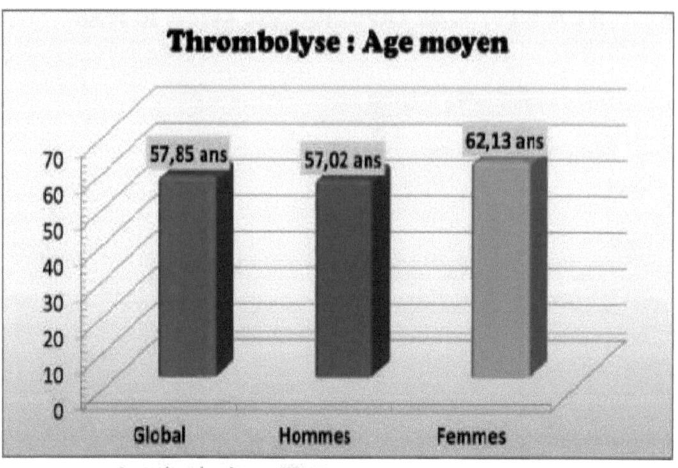

O paciente em 4-)еилй 27 anos O paciente em 4-ãgí! 75. ansí

Figura 30: Número de doentes trombolizados, por género

c. Distribuição da população por grupos etários :

Quadro XVIII: Distribuição da mão de obra por faixa etária

Distribuição da mão de obra por classe t				idade	
GRUPOS ETÁRIOS	< 45 anos*	[45 -54 anos] *	[55 -64 anos] *	[65-75 anos] *	Total
FORÇA DE TRABALHO	39	66	102	88	295
%	13,2%	22,4%	34,6%	29,8%	100%

-3 (: p<10 diferença significativa)*

Trombólise: Distribuição etária

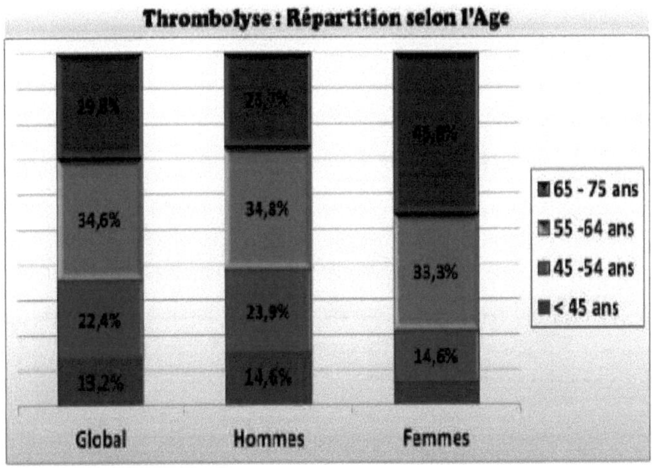

Figura 31: Repartição da população com STEMI por grupo etário

A análise da curva etária identificou quatro grupos etários: < 45, [45-54], [55-64] e [65-75].

Dois terços dos doentes (209) tinham menos de 64 anos, o que representa 70,8% da população, em comparação com um terço (86) (29,2%) com idades compreendidas entre os 65 e os 75 anos (p=0,001).

O grupo etário [55-64 anos] foi predominante no nosso estudo, com 102 doentes (34,6% do total), seguido do grupo etário [65-75 anos] com 88 doentes (29,8% do total).

O grupo etário [< 45 anos] continua a ser o menos representado, com 39 doentes (ou seja, 13,2% da população).

De referir ainda que 66 doentes (22,4%) tinham idades compreendidas entre os 45 e os 54 anos.

207 doentes tinham menos de 65 anos no dia do enfarte, o que representa 70,17% da população, contra 88 (29,8%) com idades compreendidas entre os 65 e os 75 anos.

Enquanto quase um quarto (26,7%) da nossa população masculina tem mais de 65 anos, quase metade (45,8%) da nossa população feminina tem mais de 65 anos (p = 0,001).

A Figura 21 mostra a distribuição da ocorrência de SCA ST+ de acordo com a idade e o sexo dos pacientes do nosso estudo. Observa-se um pico de frequência entre as **idades** de **55 e 64 anos** para os homens e entre **65 e 75 anos** para as mulheres.

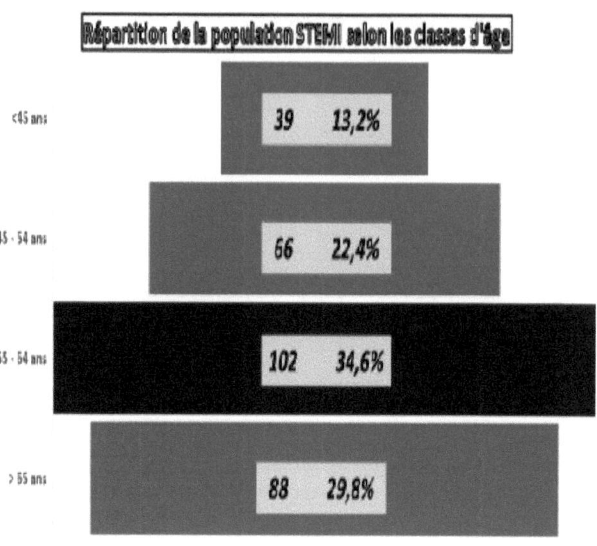

Age moyen = 57,85

Figura 32: Curva etária para a população com STEMI

Quadro XIX: Distribuição da força de trabalho por faixa etária e género

GRUPOS ETÁRIOS	< 45 anos	[45 -54 anos]	[55 -64 anos]	[65-75 anos]	P
Homens	14,6%	23,9%	34,8%	26,7%	
Mulher	6,3%	14,6%	33,3%	45,8%	0,035
Total	13,2%	22,4%	34,6%	29,8%	

Répartition de la population selon le sexe et l'âge

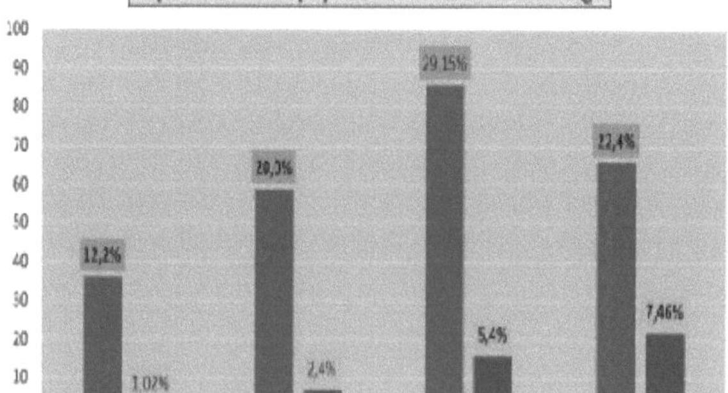

Homme Femme

Figura 33: Distribuição da população estudada por género e grupo etário

d. *Dados socioprofissionais*

No decurso do nosso estudo, entrevistámos os doentes ou os seus acompanhantes para conhecer a sua situação socioprofissional. Os activos e os reformados representavam **53,6% e 33,6%** da população, respetivamente. Nenhum doente era deficiente ou se encontrava em situação de baixa prolongada.

Enquanto 60,73% dos homens da nossa amostra estão a trabalhar, 64,58% das mulheres são donas de casa.

Quadro XX: Situação profissional da população com STEMI, por género

PROFISSÃO	Activos	Reformado	Desempregado	P
Homens	60,7%	36,4%	2,8%	0,0001
Mulher	16 ,7%	18,8%	64,6%	
Total	53,6%	33,6%	12,9%	

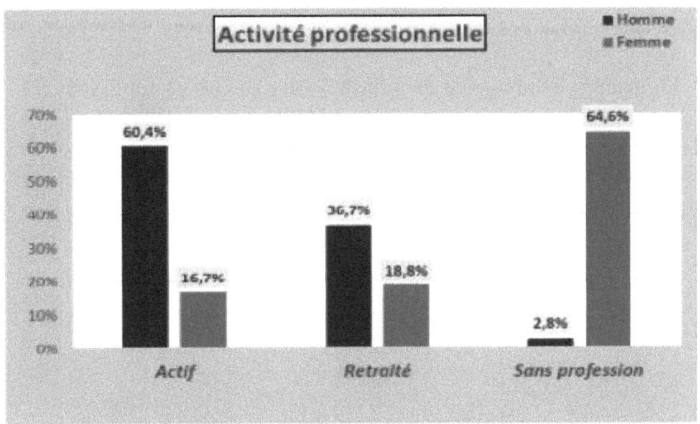

Figura 34: **Situação profissional da população com STEMI, por género**

2. *Dados médicos :*

a. Modo de admissão e percurso do doente (primeiro contacto médico) :

Na ausência de um serviço de chamada móvel em Mostaganem, 43,4% dos pacientes da nossa população foram diretamente para a urgência com os seus próprios meios de transporte, 39,7% dos pacientes foram evacuados por ambulância a partir dos vários pontos de serviço na wilaya e os restantes 16,9% dos pacientes foram encaminhados a partir de uma clínica geral privada ou de uma unidade especializada de cardiologia ou de cuidados intensivos.

Quadro XXI: Modo de admissão dos doentes, por sexo

Procedimento de admissão	Consulta	Evacuação	Orientação de um consultório privado	P
Homens	43,7%	40,9%	15,4%	0,245
Mulher	41,7%	33,3%	25,0%	
Total	43,4%	39,7%	16,9%	

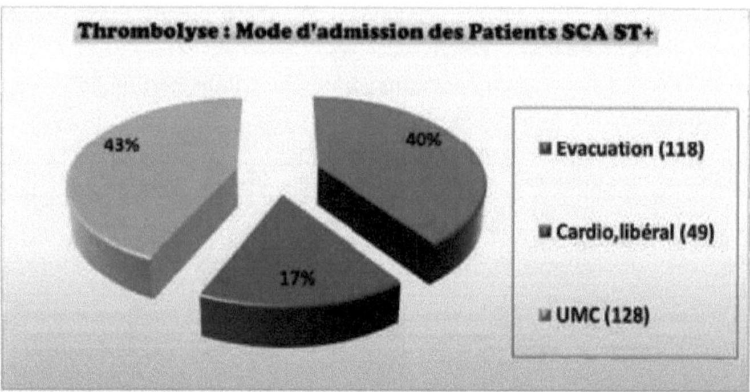

Figura 35: Modo geral de admissão dos doentes com EAMCST

"Installation d'un réseau de thrombolyse du syndrome coronarien aigu ST+ aux urgences médico-chirurgicales de Mostaganem"

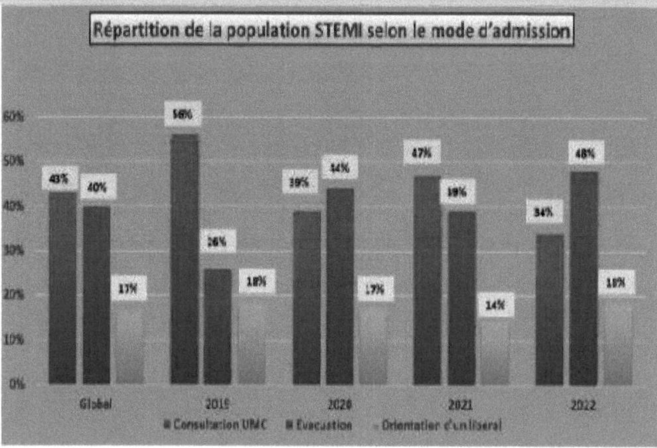

Figura 36: Modo de admissão dos doentes com EAMCST, por sexo e ano

e. Origem dos doentes com STEMI :

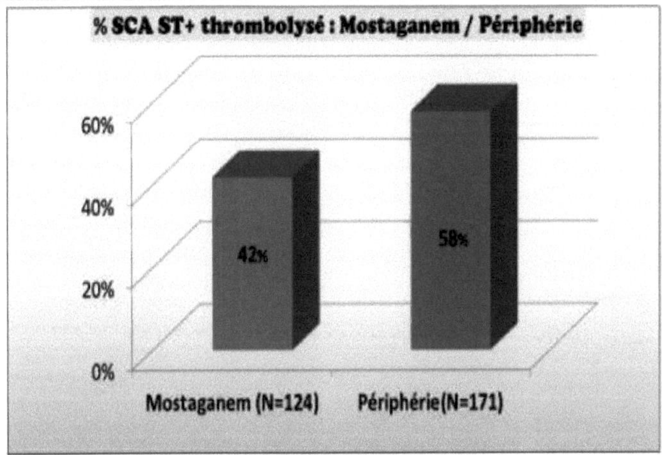

Figura 37: Origem dos doentes com STEMI

Quadro XXII: Endereço do domicílio dos doentes com STEMI, por sexo

Local de origem	Homens	%	Mulher	%	Total	%
Achaacha	6	2,43	0	0	6	2,0
Ain Nouissy	12	4,86	1	2,08	13	4,4
Ain Tadles	20	8,10	4	8,33	24	8,1
Bouguirat	27	10,93	2	4,17	29	9,8
Kheireddine	13	5,26	2	4,17	15	5,1
Mamache	20	8,10	7	14,58	27	9,2
Mesra	29	11,74	12	25	41	13,9
Mostaganem	99	40,08	19	39,58	118	40,0
Passageiros	9	3,64	0	0	9	3,1
Sidi Ali	6	2,43	1	2,08	7	2,4
Sidi Lakhdar	6	2,43	0	0	6	2,0

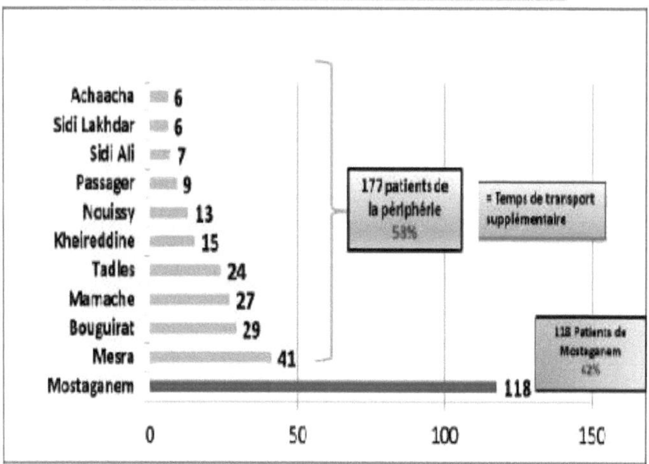

Figura 38: Repartição dos endereços residenciais dos doentes com EAMCST

f. Hora de admissão diurna ou nocturna dos doentes com STEMI

Os doentes foram admitidos três vezes mais frequentemente durante o dia do que durante a noite (73,22% contra 26,78%).

Quadro XXIII: Hora de admissão diurna/noturna dos doentes, por sexo

Hora da admissão/ Sexo	8H- 20H	%	20H- 8H	%
HOMENS 247	176	71,3%	71	28,7%
MULHER 48	40	83,3%	8	16,7%
TOTAL 295	216	73,2%	79	26,8%

Figura 39: Repartição da hora de admissão por género

g. Momento da ocorrência de STEMI durante o dia :

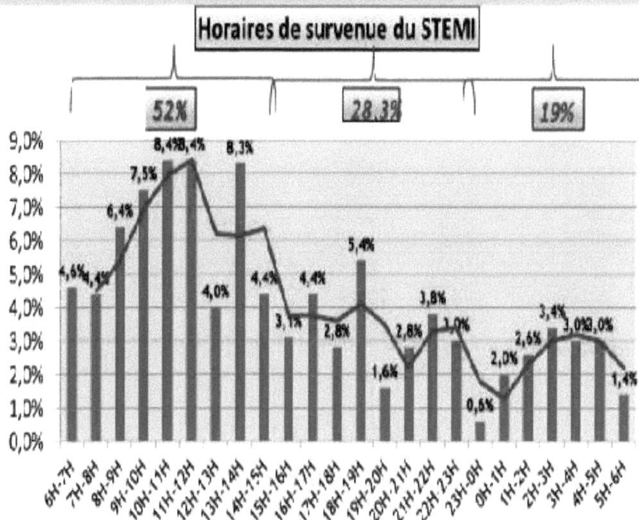

Figura 40: Hora do dia em que ocorre o STEMI

h. Horário da trombólise do STEMI durante o dia :

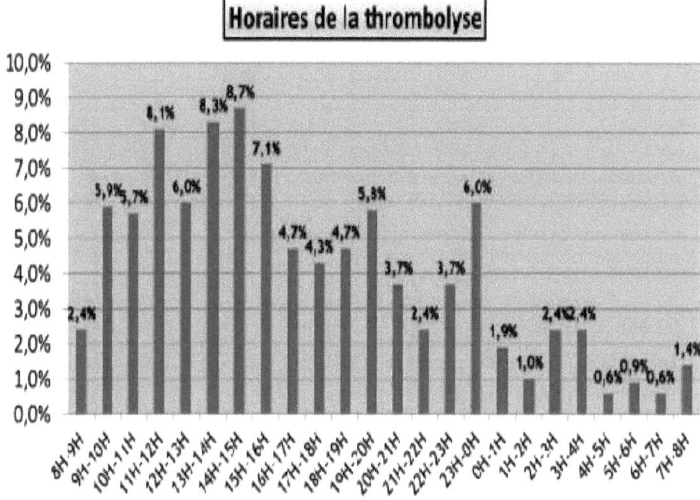

Figura 41: Horário da trombólise do STEMI durante o dia

4. Prazo de admissão :

a. Tempo médio de permanência no hospital :

O tempo médio de chegada ao hospital no nosso estudo **foi de 3 horas e 42 minutos** +/- **2 horas e 24 minutos** a partir do início dos sintomas, o que reflecte a falta de sensibilização dos doentes para a importância de procurar assistência médica precocemente em caso de dor torácica prolongada.

Dependendo do género, o tempo médio de trombólise foi mais longo para as mulheres do que para os homens (4H50 min ± **2H47 min versus 3H40 min ± 2H16 min. p = 0,002).**

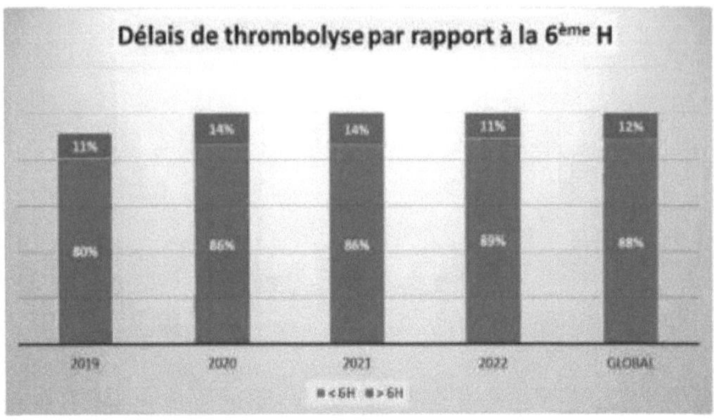

Figura 42: Tempo de trombólise até 6 horas

Quadro XXIV: Tempo médio de chegada ao serviço de urgência das várias Jairas de ambulatório

Tempos médios de espera para as diferentes centrais extra-hospitalares antes das urgências			
Evacuado de	**Curso médio**	**N**	**Desvio Std. Desvio**
Achaacha	**5:10**	**6**	**2:21**
Ain Nouissy	**4:23**	**13**	**2:51**
Ain Tadles	**5:05**	**24**	**2:48**
Bouguirat	**5:12**	**29**	**2:17**
Kheireddine	**3:34**	**15**	**2:18**
Mamache	**2:22**	**27**	**1:36**
Mesra	**4:35**	**41**	**2:18**
Mostaganem	**2:46**	**118**	**1:56**
Passageiros	**3:33**	**9**	**2:51**
Sidi Ali	**4:42**	**7**	**1:56**
Sidi Lakhdar	**6:10**	**6**	**2:46**
Total	**3:42**	**295**	**2:25**

b. Caraterísticas gerais :

No conjunto da série, **94** doentes (**31,86%**) foram trombolisados antes da 2ª hora, **157** doentes (**53,22%**) antes da 6ª hora e **44** (**14,92%**) após essa hora. O tempo mais precoce para a trombólise foi de 30 minutos após o início da dor e o mais longo foi de 12 horas.

Grupos etários: Não houve diferença significativa entre os grupos etários em termos de tempo de trombólise.

Relativamente à diabetes: 64 doentes **diabéticos (80%)** de um total de 80 foram trombolizados **antes da 6ª hora**, em comparação com 195 **doentes não diabéticos** (**90,7%**) de um total de 215. A diferença foi significativa a favor dos doentes não diabéticos (p = 0,017).

Não houve diferença significativa entre o tempo de trombólise diurno e noturno (224 min versus 215 min com um p = 0,619).

Tabela XXV: Tempo de admissão dos doentes com EAMCST, por sexo

Tempos de admissão por género

Prazo de admissão /Género	< 2H	2-6H	>6H	P
Masculino	84(34%)	132(53,4%)	31(12,6%)	
Feminino	10(20,8%)	25(52%)	13(27%)	0,019
Total	94(32%)	157(53%)	44(15%)	

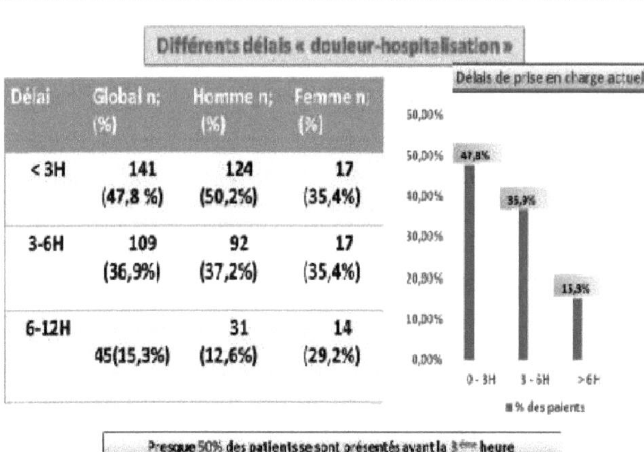

Délai	Global n; (%)	Homme n; (%)	Femme n; (%)
< 3H	141 (47,8 %)	124 (50,2%)	17 (35,4%)
3-6H	109 (36,9%)	92 (37,2%)	17 (35,4%)
6-12H	45(15,3%)	31 (12,6%)	14 (29,2%)

Figura 43: Diferentes atrasos entre a dor e a hospitalização

O tempo médio entre o início da dor e a chegada à emergência ou [dor-emergência] foi de 231 min ±. Variou de 30 min a 11H45min. Foi **de 250 min** ± 176 min para os doentes **diabéticos** em comparação com **211 min** ± 130 min para os doentes não diabéticos, com uma diferença significativa (P = 0,042).

O tempo [dor-emergência] foi significativamente maior nas **mulheres** (**278 min** ± 175 min) do que nos homens (**211 min** ± 136 min) (P=0,003).

$^{-3}$O atraso [dor-emergência] foi significativamente (p < 10) mais longo para os doentes **evacuados** das várias unidades de saúde (**270 min** ± 133 min) e ainda mais longo para os doentes que consultaram **um médico privado** (**327 min** ± 164 min), em comparação com um atraso de (**137** min ± 91 min) para os doentes que chegaram diretamente às urgências.

Quadro XXVI: Tempo para a trombólise em doentes com diabetes

Prazos para o trombo		bolyse por diabetes N=295			
	< 2H	] 2H-6H]	< H6	>6H	
SÉRIE 295	94 (32%)	157 (53%)	251 (85%)	44 (15%)	P
DIABÉTICOS 80	28(9,5%)	36(12%)	64(21,7%)	16(5,4%)	0,006
NÃO-DIABÉTICOS 215	66(22,4%)	121 (41%)	187(63,4%)	28 (9,5%)	

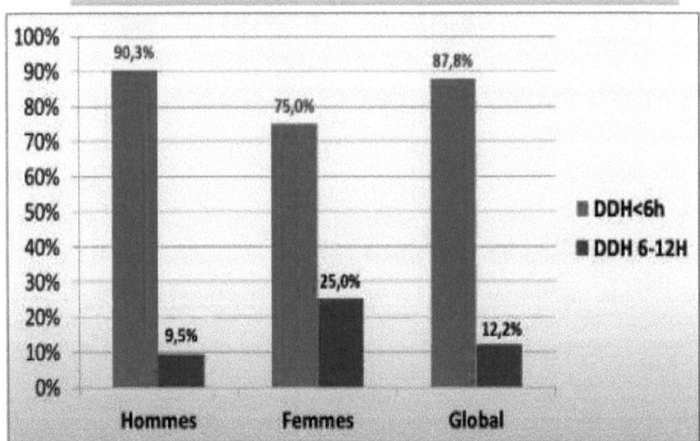

Figura 44: Atrasos na trombólise por sexo em relação à 6ª hora

Tabela XXVII: Tempo para a trombólise dos doentes por grupo etário

Prazos/idade das aulas		< 2H	[2H-6H]	< H6	>6H
SÉRIE	295	94 (31,9%)	157 (53,2%)	251(85,1%)	44 (14,9%)
< 45 ANOS	39	16	18	35	5
[45-54 anos]	66	23	31	54	12
[55-64 anos]	102	30	56	87	16
[65-75] anos	88	25	52	76	11

Quadro XXVIII: Tempo e momento da trombólise

Trombólise		< H6	>H6
DIURNE	216	186 (86,1%)	30 (13,9%)
NOCTURNE	79	67 (84,8%)	12 (15,2%)
TOTAL	295	253 (85,8%)	42 (14,2%)

O tempo [dor-emergência] foi significativamente mais longo (P=0,001) nos doentes falecidos (327 min ± 225 min) do que nos doentes sobreviventes (214 min ± 135 min).

$^{-3}$O tempo [dor-emergência] foi significativamente mais curto (p < 10) nos doentes submetidos a trombólise bem sucedida (192 min ± 118 min) do que nos doentes que falharam a trombólise (307 min ± 179 min).

c. Diferentes tempos médios para os doentes com STEMI submetidos a trombólise :

Différents délais moyens des patients thrombolysés

Délais moyens	Minutes	Heures
Global	222	3:42
Consultation directe	137	2:17
Evacuation	270	4:30
Cabinet libéral	327	5:27
Homme	211	3:31
Femme	278	4:38
Diabétique	250	4:10
Non diabétique	211	3:31
Mostaganem	168	2:48
Evacué	261	4:21
Succès	192	3:12
Echec	307	5:07
< 60 ans	205	3:25
> 60 ans	241	4:01
Décédé	327	5:27
Non	214	3:34

Délai d'arrivé tardif des sujets âgés > 60 ans / à ceux < 60 ans : 36min de +

Délai d'arrivée tardif des femmes / aux hommes : 1H07min de +.

Délai d'arrivée tardif des diabétiques / non diabétiques : 39min de +.

Délai d'arrivée tardif des évacués / consultation directe: 2H13min de +

Délai tardif des consultations libérales / directes: 3H10min de +

Figura 45: Tempo para trombólise em doentes com STEMI no estudo

5. Factores de risco coronário:

a. Distribuição dos FDRC por género :

Foram fornecidos dados sobre os factores de risco coronário e os principais antecedentes médicos para toda a população do estudo. Os factores predominantes foram o tabagismo (64,4%), a dislipidemia (37,3%), a hipertensão (37%), a diabetes (26,8%) e a obesidade (10,8%).

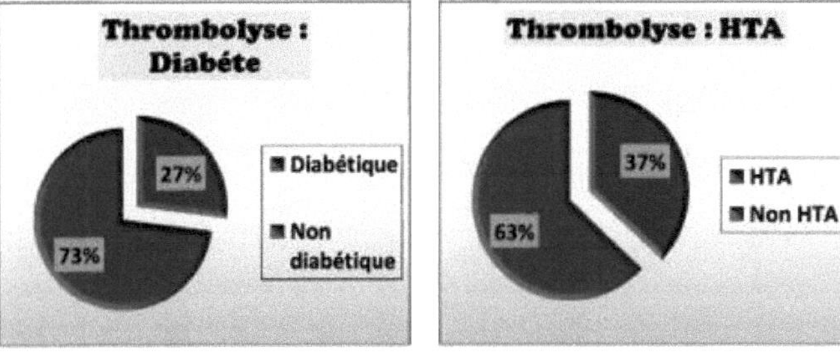

Figura 46: Taxa de doentes diabéticos e hipertensos na população

Os dados morfológicos (peso/altura) mostraram que 45,1% dos indivíduos tinham excesso de peso (IMC > 25 a 30) e 10,8% eram obesos (IMC > 30).

Em comparação com os homens, as mulheres eram mais frequentemente hipertensas (72,92% versus 29,55%; p=0,02) e mais frequentemente diabéticas (62,5% versus 20,24%; p=0,01).

A distribuição dos factores de risco coronário (DRF), estabelecida com base em dados anamnésicos, permite selecionar os elementos seguintes:

> Idade: 76% dos doentes do sexo masculino tinham mais de 50 anos no dia do enfarte e 75% das mulheres tinham mais de 60 anos no dia do enfarte.

> Hereditariedade: A hereditariedade coronária estava bem estabelecida em 35 homens e 2 mulheres.

> Hipertensão: A hipertensão conhecida foi detectada em 30% dos doentes do sexo masculino e em 73% dos doentes do sexo feminino.

> Diabetes: 20% dos doentes do sexo masculino e 62,5% dos doentes do sexo feminino eram sabidamente diabéticos no dia do enfarte.

> Tabagismo: 76,5% dos doentes do sexo masculino eram fumadores regulares que ainda não tinham deixado de fumar no dia do enfarte.

> Hipertensão e diabetes combinadas: 15% do número total de doentes, ou seja, 22 homens (9%) e 23 mulheres (48%), apresentavam simultaneamente hipertensão e diabetes.

> Excesso de peso: 54,65% dos homens e 33,33% das mulheres tinham excesso de peso (IMC >25). O IMC médio dos diabéticos foi de 26,83 ± 3,24 e o dos não diabéticos de 25,48 ± 3,37 (p=0,002).

> Lípidos: a dislipidemia foi identificada em 95 homens (38,5%) e 15 mulheres (31,25%).

b. Número de FDRCs por doente :

> Apenas 2 doentes (0,7%) não apresentavam factores de risco no dia do enfarte.

> 64 doentes tinham um único fator de risco, ou seja, 21,7% da população.

> 137 doentes (46,4%) tinham 2 factores de risco.

> 92 doentes, ou seja, 31,2% da população estudada, apresentavam 3 ou mais factores de risco.

Quadro XXIX: Número de factores de risco por doente e sexo

FDRCV	N	%	H	%	F	%
0	2	0.7	0	0	2	4.17
1	64	21.7	53	21.46	11	22.9
2	137	46.4	124	50.2	13	27.1
3 e mais	92	31.2	70	28.34	22	45.8

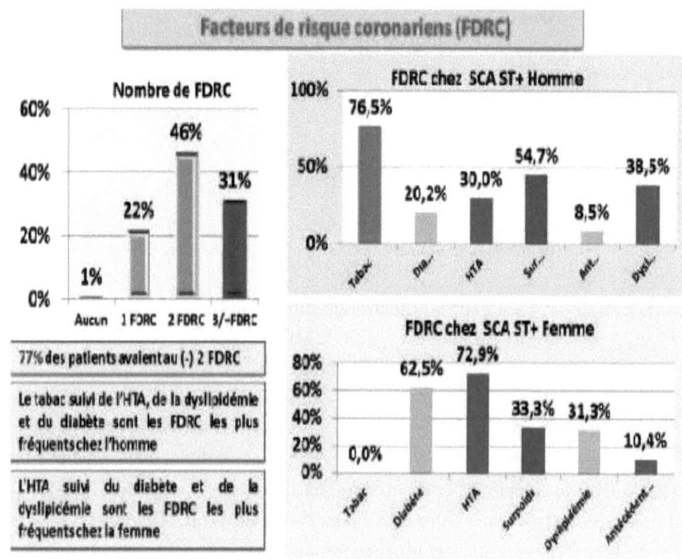

Figura 47: Distribuição por género da CRDF na população estudada

c. Distribuição do CRDF por idade :

> Os 117 doentes com menos de 65 anos distribuíram-se da seguinte forma: - 10 não tinham

factores de risco significativos (8,5%)

- 38 tinham um único fator de risco (32,5%)
- 69 deles tinham mais de 2 factores de risco coronário (59%)

> Os 32 doentes com 65 anos ou mais distribuem-se da seguinte forma

- 2 não tinham CRDF conhecida no dia do enfarte (6%)
- 7 tinham um único fator de risco coronário (22%)
- 23 tinham mais de 2 factores de risco (72%).

Quadro XXIX: Repartição dos diferentes FDRC por género

Género	Homens (%)		Mulheres (%)		Total (%)	
Idade	188	76%	36	75%	224	76%
Diabetes	50	20%	30	62.5%	80	27%
HTA	74	30%	35	73%	109	37%
Excesso de peso	135	55%	16	33%	151	51%
Obesidade	18	7.3%	5	10.4%	23	7.8%
Tabaco	189	76,5%	0	0	189	64%
Doença das artérias coronárias	21	8,5%	5	0,4%	26	8,8%
Dislipidemia	95	38.5%	15	31.25%	110	37,3%
Hereditariedade coronária	35	14%	2	4.2%	37	12.5%

5. Caraterísticas clínicas iniciais :

> . Dor no peito :

A dor, o principal sintoma, está presente em 100% dos nossos doentes. É típica em alguns doentes e atípica noutros.

> . Estado hemodinâmico :

A classificação de Killip é utilizada para avaliar o estado hemodinâmico dos doentes. A classificação de Killip (grau I) indica um estado hemodinâmico estável, (grau II) reflecte uma insuficiência ventricular latente, enquanto (graus III e IV) são o reflexo clínico de uma situação hemodinâmica precária ou mesmo ameaçadora.

Assim, 247 dos nossos doentes (83,73%) foram tratados com Killip I, 26 (8,8%) com Killip II e 22 doentes (7,46%) com Killip III ou IV por necrose anterior extensa.

Quadro XXXI: Repartição dos graus KILLIP dos doentes por sexo

Notas KILLIP /Sexo	I		II		[II-IV		P
Masculino	211	(85,4%)	22	(8,9%)	14	(5,7%)	
Feminino	36	(75%)	4	(8,3%)	8	(16,7%)	0,029
Total	247	(83,7%)	26	(8,8%)	22	(7,5%)	

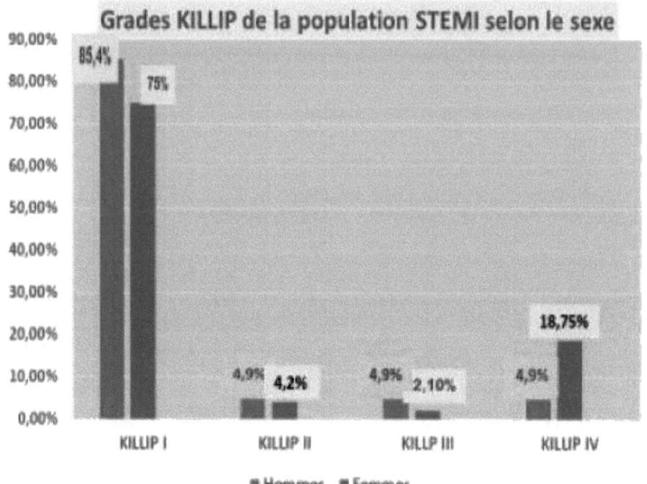

Figura 48: Distribuição dos graus KILLIP na população por género

> Em termos de grupos etários, dos 22 doentes Killip III ou IV, 8 têm menos de 60 anos e 14 têm 60 anos ou mais.

> Do mesmo modo, dos 247 doentes do Killip I, 129 têm menos de 60 anos e 118 têm 60 anos ou mais.

> Foi observada uma diferença significativa em relação à idade quando se compararam os 3 subgrupos Killip I, II e (III, IV): os doentes com 60 anos ou mais tinham uma pior pontuação KILLIP inicial (p= 0,002).

Quadro XXXII: Distribuição dos graus KILLIP dos doentes por grupo etário

KILLIP/Tranches d'Age	N	I	II	III-IV
SÉRIE	295	83,7%	8,8%	7,5%
45 ANOS DE IDADE	39	87,2%	7,7%	5,1%
[45-54 anos]	66	90,9%	6,1%	3,0%
[55-64 anos]	102	82,4%	9,8%	7,8%
[65-75] anos	88	78,4%	10,2%	11,4%

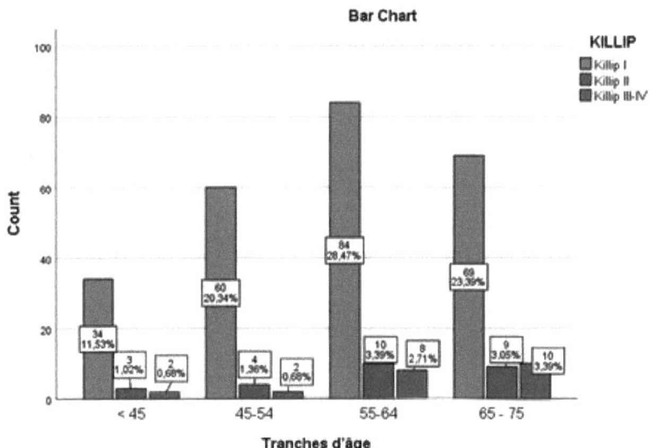

Figura 49: Repartição do grau KILLIP por grupo etário

> Diabetes: dos 22 doentes Killip III ou IV, 11 têm diabetes e 11 não têm.

> Quando se comparam os subgrupos Killip I, II e (III, IV), o grau Killip é significativamente pior nos diabéticos do que nos não diabéticos (p=0,0001) porque dos 11 doentes diabéticos que têm um KILLIP (III, IV), 9 doentes têm mais de 60 anos e apenas 2 têm menos de 60 anos.

Quadro XXXIII: Distribuição dos graus KILLIP dos doentes e da diabetes

Grau KILLIP	I		II		III-IV		P
Mão de obra Total 295	247		26		22		
DIABÉTICA 80	64	80%	5	6%	11	14%	
NÃO diabéticos 215	183	85%	21	10%	11	5%	0.033

Tabela XXXIV: Distribuição dos graus KILLIP dos doentes por território anteroinferior

Território	Kilábio I		Kilip II		Killip III-IV	
Anterior 171	147	86%	13	7,6%	11	6,4%
Inferior 89	77	86,5%	7	8%	5	5,6%
Outros 35	23	66%	6	17%	6	17%
TOTAL	247	84%	26	8,8%	22	7,5%

c.Incidentes aquando da admissão :

Tabela XXXV: Incidentes em doentes com STEMI na admissão

	ACR	Choque	BAV	TV	OAP	ACFA
Homens	2	5	5	3	4	2
Mulher	0	3	0	0	0	1
Total	2	8	5	3	4	3

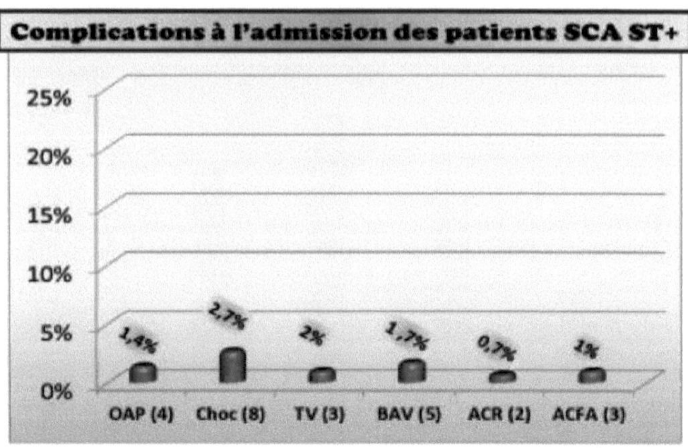

Figura 51: Incidentes na admissão de doentes com EAMCST

6. Parâmetros biológicos na admissão :

a. Informações gerais :

- a hiperleucocitose (glóbulos brancos superiores a 12 000 células/mm3) foi observada em 78 doentes, ou seja, 26,44% da população
- hemoglobina baixa (<14 g/100) em 48 doentes (16,3%) com trombocitopenia ligeira em cinco doentes (130.000/mm3)
- 80 doentes da nossa série eram sabidamente diabéticos no dia do enfarte. Para além disso, foi diagnosticada hiperglicemia em 8 outros doentes. Por outras palavras, no dia do enfarte, 88 doentes apresentavam hiperglicemia, ou seja, quase 30% da população.

b. Enzimologia do miocárdio :

- Foram efectuadas troponinas US em 101 doentes, sendo normais em 53 indivíduos (52,5% da população) e patológicas em 48 indivíduos (47,5% da população).

c. Crase sanguínea :

- TP e TCK são normais em 100% da população.

7. Topografia do STEMI :

As necroses anteriores predominaram no nosso estudo, representando 59,97% dos casos, sendo a necrose anterossepto-apical a mais frequente (76 casos num total de 171 enfartes anteriores, ou seja, 44,44%). O enfarte ântero-septo-apical representou mais de um quarto das necroses da amostra, no conjunto de todas as topografias. Na nossa série, as necroses posteriores representaram 41,67% dos casos de enfarte.

Territórios de enfarte

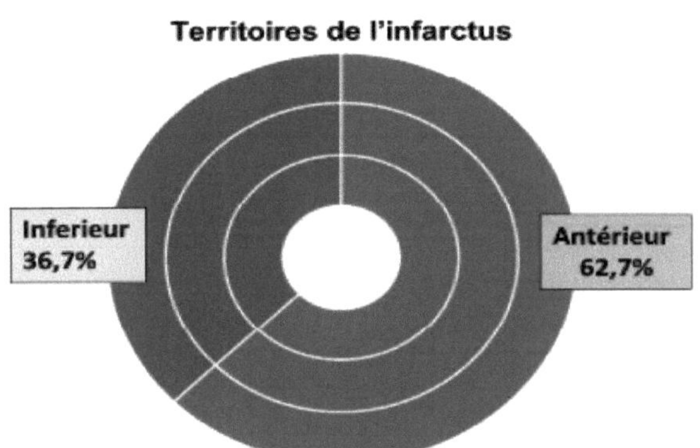

Figura 51: Diferentes territórios anteriores e posteriores de pacientes com IAMCST

Tabela XXXVI: Diferentes territórios anteriores e posteriores em pacientes com IAMCST

Território / Género		Anterior		Inferior		P
Masculino	247	161	65%	86	35%	0,136
Feminino	48	24	50%	24	50%	
Total	295	171	63%	89	37%	

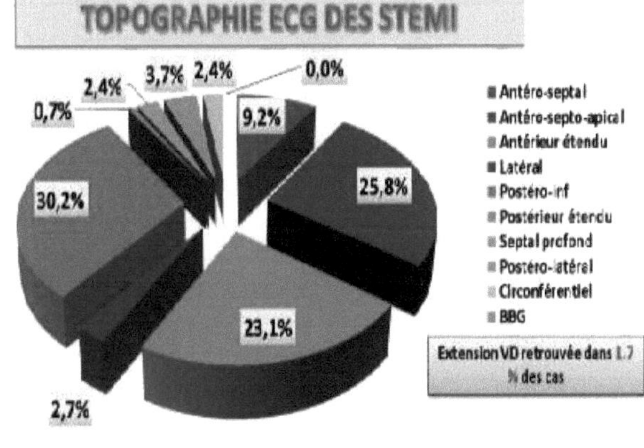

Figura 52: Distribuição dos doentes com EAMCST por território

Tabela XXXVII: Distribuição dos doentes com STEMI por território e sexo

TERRITÓRIO	N	%	H	%	F	%
ANTEROSEPTAL	27	09,2	21	8.5	6	12.5
ANTEROSSEPTOAPICAL	76	25,8	69	27.94	7	14.6
FRENTE ESTENDIDA	68	23,1	59	23.9	9	18.75
ANTERIOR	171	59.97	149	60.3	22	45.83
BAIXO	89	30,2	69	27.94	20	41.67
LATERAL	08	2,7	7	2.8	1	2.08
POSTERIOR ALARGADO	02	0,7	2	0.81	0	0

SEPTAL DEEP	07	2,4	7	2.8	0	0
POSTEROLATERAL	11	3,7	8	3.24	3	6.25
CIRCUNFERENCIAL	07	2,4	5	2.02	2	4.17

8. Resumo dos dados pré-trombólise :

Tabela XXXVIII: Resumo dos dados pré-trombólise para doentes com STEMI

Classe Idade (anos)			< 50	50 - 59	60 - 69	70 -75
SÉRIE		295	54	84	106	41
Homens		247	56	80	81	30
Mulheres		48	8	4	25	11
Endereço de residência	Achaacha	6	1	2	2	1
	Ain Nouissy	13	1	3	7	2
	Ain Tadles	24	1	8	11	4
	Bouguirat	29	4	9	11	5
	Kheireddine	15	4	2	5	4
	Mamache	27	4	8	12	3
	Mesra	41	12	13	11	5
	Mostaganem	118	31	32	40	15
	Passageiros	09	4	3	2	0
	Sidi Ali	07	0	1	4	2
	Sidi Lakhdar	06	2	3	1	0
Procedimento de admissão	UMC	128	35	38	41	14
	Evacuação	117	25	30	42	20
	Orientação	50	4	16	23	7
Horário de chegada	Das 8h às 20h	216	46	57	82	31
	8pm-8am	79	18	27	24	10
Factores de risco	Diabetes	80	7	22	31	20
	HTA	50	12	22	50	24
	hipertensão+diabetes	20	3	8	22	12
	Excesso de peso+Obesidade	95	36	51	60	20
	Dislipidemia	64	24	32	41	13
	Tabaco	64	52	62	59	16
Número de factores de risco	Não	12	1	0	1	0
	1 fator	45	47	9	6	2
	2 factores	49	12	52	57	16
	3 factores e mais	43	4	23	42	23
História de angina		26	6	4	12	4
KILLIP III-IV		22	3	5	7	7
Sucesso clínico e elétrico		220	49	66	82	23
Topografia do STEMI	MI anterior	171	30	54	58	19
	IM posterior	89	16	23	33	17
Ecocardiografia	Média FEG	49,6	52,58 ± 9.73 %		46,63 ± 10,39 %	
	FE < 40%	36	9	5	13	9

9 Terapêutica :

a. Trombólise :

Grupo Tenecteplase (Metalysis): 202 doentes da nossa população receberam Tenecteplase (68,5%). A idade média nesta sub-população foi de 57,21 ± 10 anos.

- **Grupo Alteplase (Actilyse):** 93 doentes (21,5%) receberam Alteplase. A sua idade média era de 59,25 ± 9 anos e não eram significativamente mais velhos (p= 0,123).

Quadro XXXIX: Repartição dos fibrinolíticos utilizados / SEXO

Género	Tenecteplase		Ateplase		P
Homens	170	68,8%	77	31,2%	
Mulher	32	66,7%	16	33,3%	0,087
Total	202	68,5%	93	31,5%	

Quadro XL: Repartição dos fibrinolíticos utilizados por grupo etário

Fibrinolítico	< 45	45-54	55-64	65 - 75	Total	%	P
Tenecteplase	32	46	64	60	202	68.5%	
Alteplase	7	20	38	28	93	31.5%	0,003
Total	39	66	102	88	295	100%	

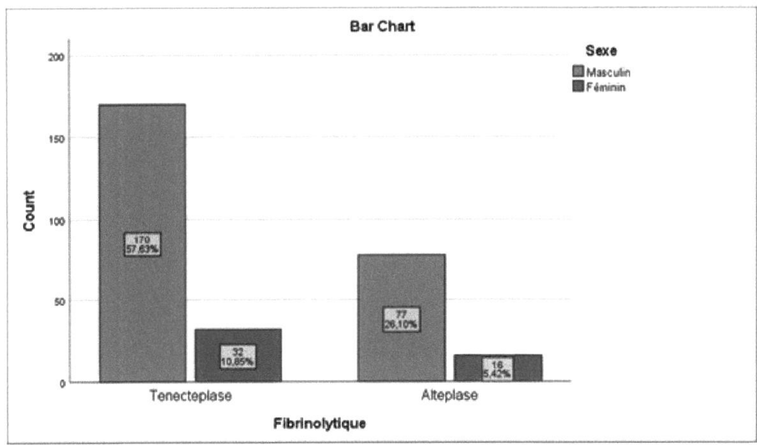

Figura 53: Repartição dos trombolíticos utilizados por sexo

b. Terapias associadas :

> Enoxaparina: de acordo com o protocolo, foi administrada a todos os doentes.

> Aspirina: de acordo com o protocolo, foi também administrada a todos os doentes por injeção na dose de 250 mg IVL ou 300 mg per os.

> Clopidogrel: de acordo com o protocolo, foi também administrado a todos os doentes na dose de 300 mg por via oral.

> Agentes bloqueadores beta-adrenérgicos: 237 pacientes (80,3%) receberam agentes bloqueadores beta-adrenérgicos para todas as topografias de enfarte do miocárdio combinadas. 58 pacientes tinham uma contraindicação para este tratamento pelas seguintes razões:

- insuficiência ventricular esquerda: 21 casos
- Dois casos de bloqueio sino-auricular
- bloqueio atrioventricular em caso de necrose anterior extensa em 3 doentes
- choque cardiogénico: 12 casos

> Inibidores da enzima de conversão (ICE): foram prescritos em 236 doentes (80%).

- 85 vezes num total de 91 IM anteriores (97,4%)
- 27 vezes num total de 52 necroses posteriores (52%)
- 2 vezes em 6 para outro local.

Em alguns casos, não foi possível prescrevê-los:

- 21 vezes para a instabilidade da tensão arterial
- 12 vezes por choque cardiogénico
- 2 vezes por insuficiência renal
- 4 vezes para extensão do ventrículo direito

> Derivados do nitrato: foram utilizados em 239 doentes desde o início do tratamento trombolítico. 56 doentes tinham contra-indicações para a sua utilização: 12 choques cardiogénicos, 4 extensões do ventrículo direito, 21 IVGs e 15 hipotensões arteriais.

Amiodarona: prescrita 3 vezes para taquicardia ventricular

> Atropina: injectada 4 vezes para o desconforto vagal

> Injeção de furosemida: foi administrada 8 vezes para controlar a insuficiência ventricular esquerda ou

redema pulmonar agudo.

> Inotrópicos positivos: 23 vezes por choque cardiogénico OU aborto descompensado.

> Estatinas: prescritas a todos os doentes.

Quadro XLI: Terapêuticas associadas à trombólise intra-hospitalar

PRODUTO	FORÇA DE TRABALHO	%
Bloqueadores beta	**237**	**80,3%**
ASPIRINA	**295**	**100%**
HBPM	**295**	**100%**
CEI	**236**	**80 %**
ESTATINOS	**275**	**100%**
FUROSEMIDE	**8**	**2,7%**
AMIODARONA	**3**	**1%**
INOTROPES +	**35**	**11,86%**

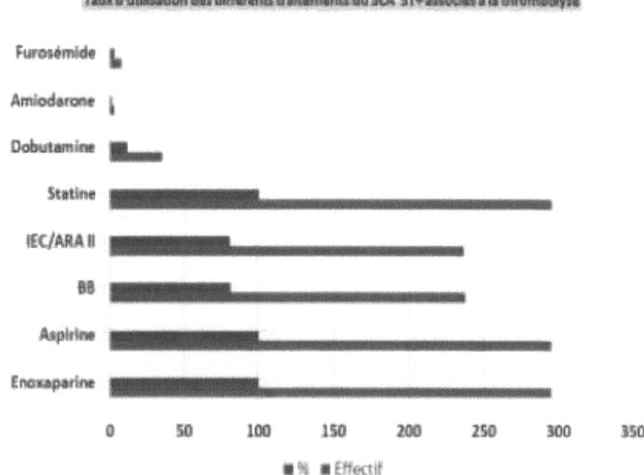

Figura 54: Tratamento associado à trombólise

10. Tendências a curto prazo :

a. Plano clínico :

Diz respeito à evolução registada nas primeiras 48 horas.

Progressão da dor: 250 pacientes de um total de 295 pacientes examinados (ao fim de 48 horas na UCI) registaram uma redução significativa dos seus sintomas de dor antes da 3ª hora de trombólise.

> A dor manteve-se inalterada em 25 doentes (até 24 horas após a trombólise).

> Progressão do estado hemodinâmico: Às 48 horas, de um total de 295 doentes, 22 permaneciam num estado hemodinâmico precário (Killip III ou IV).

Tabela XLII: Estado hemodinâmico às 48 horas em doentes com STEMI

ESTATÍSTICAS	UT HEMODINÂMICA	[IQUE A 48 H		
PA mm Hg	**Admissão PAS<100**	**PAS<100 (H24)**	**PAS<100 (H48)**	**KILLIP > II**
FORÇA DE TRABALHO	**34**	**11**	**10**	**22**
%	**11,5%**	**3,7%**	**3,4%**	**7,46%**

b. Parâmetros de ultrassom :

b1. Resultados globais :

> A ecografia foi realizada no serviço de cardiologia em 275 doentes, geralmente 48 horas após a trombólise, e não foi realizada em 20 doentes que morreram precocemente.

> A FE média, determinada pelo método de Simpson, é de 49,35 ± 10,3% e varia entre 20 e 68%. Uma FE < 40% define disfunção ventricular esquerda.

> Uma fração de ejeção < 40% foi observada em 36 doentes, ou seja, 12,2% da população estudada.

> A fração de ejeção também foi mais baixa no caso de necrose anterior em comparação com a necrose posterior (49 ± 9 em comparação com 52 ± 10). A diferença foi significativa (p=0,002).

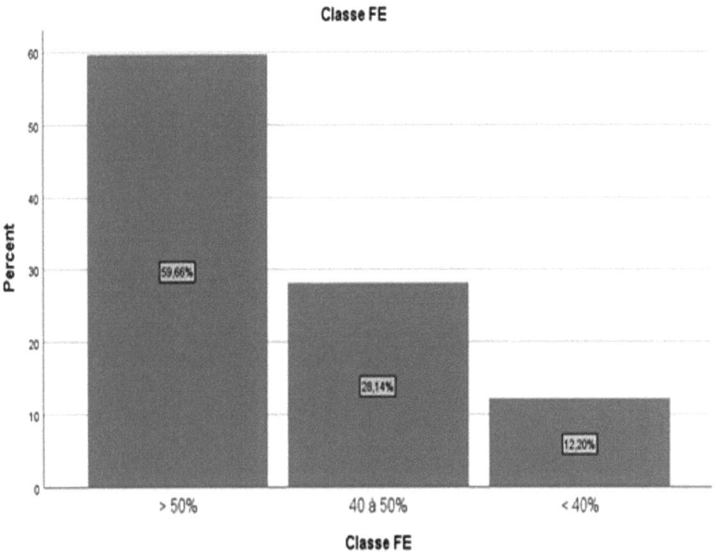

Figura 55: Fração de ejeção dos doentes com STEMI

b2. Resultados por categoria de doentes :

> A FE média nos homens foi de 50,1 ± 9,7%; nas mulheres foi de 45,62 ± 12,5%. A diferença

não foi significativa.

> A FE média foi de 50,28 ± 10% nos doentes não diabéticos e de 46,85 ± 10,85% nos doentes diabéticos. Diferença significativa (p=0,011).

> Nos pacientes com idade inferior a 65 anos, a média da FE foi de 51,13 ± 10% contra 46 ±10 nos pacientes com idade entre 65 e 75 anos. A diferença não foi significativa para este parâmetro ou para a disfunção do VE.

> Da mesma forma, para o diabetes, houve uma diferença significativa no número de FEs < 40% (p < 0,01).

É de salientar que não houve diferença significativa na disfunção do VE em relação à idade, quer os doentes tivessem menos de 65 anos (20 doentes) ou mais de 65 anos (16 doentes).

Tabela XLIII: Idade média dos doentes com EAMCST e respectiva FEVE

Classe FE	Idade média	N	%	Desvio padrão
> 50%	55,94	176	60%	9,917
40 à 50%	61,31	83	28%	9,834
< 40%	59,22	36	12%	12,681
>40	57,66	259	88%	10,185
Total	57,85	295	100%	10,509

Tabela XLIV: FEVE dos doentes com EAMCST por género

Classe FE/Sexo	> 50%	40 à 50%	< 40%	Total
Masculino	152	68	27	247
%	61,5%	27,5%	10,9%	100,0%
Feminino	24	15	9	48
%	50,0%	31,3%	18,8%	100,0%
Total	176	83	36	295
%	60%	28%	12%	100,0%

Tabela XLV: FEVE dos doentes com EAMCST por grupo etário

Classes FE / idade (anos)	< 45	45-54	55-64	65-75	TOTAL
> 50%	25	52	62	37	176
%	14,2%	29,5%	35,2%	21,0%	100,0%
40 à 50%	8	8	31	36	83
%	9,6%	9,6%	37,3%	43,4%	100,0%
< 40%	6	6	9	15	36
%	16,7%	16,7%	25,0%	41,7%	100,0%
Total	39	66	102	88	295
%	13,2%	22,4%	34,6%	29,8%	100,0%

Tabela XLVI: Classes de FEVE 40% dos doentes com STEMI por grupo etário 65 anos

Classe FE	EF < 40%	EF > 40%	P
PACIENTES < 65 anos	20	172	
PACIENTES > 65 anos	16	87	0 ,012
TOTAL	36	259	

Tabela XLVII: FEVE 40% dos pacientes com IAMCST de acordo com a topografia anteroinferior do IAMCST

Classe FE	EF > 40%	EF < 40%	TOTAL

Anterior	153	18	171
Inferior	82	7	89
Outros	24	11	35
TOTAL	259	36	295
P	0,001		

c.Pontuação TIMI :

-129 doentes, ou seja, 43,73% do total, foram classificados como **TIMI 0, 1 ou 2**; 122 deles (94,6%) tinham menos de 65 anos.

-108 doentes foram classificados como **TIMI 3, 4 ou 5**, ou seja, 36,6% do total; 52 deles (48%) tinham menos de 65 anos.

-58 doentes **tinham um** score **TIMI>6**, ou seja, 19,66% do total; destes, 33 (57%) tinham menos de 65 anos e 25 (43%) tinham mais de 65 anos.

-Pouco mais de metade dos doentes (164 ou 55,6%) tinham um score TIMI de 1 a 3.

Tabela XLVIII: Pacientes com STEMI de acordo com a pontuação de risco TIMI

TIMI	0	1	2	3	4	5	6	7	> 8
Total	15	52	62	50	27	31	24	15	19
%	5	17,6	21	17	9	10,5	8	5	6,4
Suportes	43,73 %			36,6%			19,66 %		

Tabela XLIX: Doentes com EAMCST de acordo com a pontuação de risco TIMI por grupo etário

Grupos etários	PONTUAÇÃO TIMI								
	0	1	2	3	4	5	6	7	> 8
< 45 ANOS N=39	2	12	8	6	3	0	5	3	0
[45-54 anos] N=66	5	21	19	10	5	2	3	0	1
[55-64 anos] N=102	8	17	30	19	2	5	9	4	8
[65-75 anos] N=88	0	2	4	15	17	24	8	8	10
TOTAL N=295	15	52	61	50	27	31	25	15	19

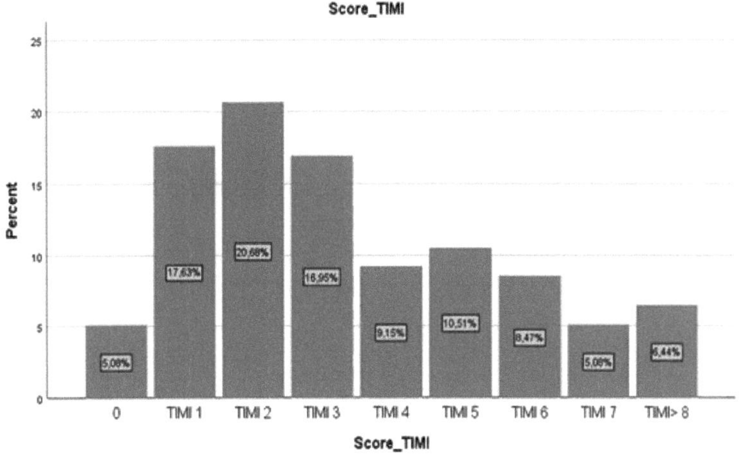

Figura 56: Distribuição do TIMI Score nos pacientes com IAMCST trombolizados no estudo

- Duração do internamento na UCI: Tem um valor prognóstico definido. É a evolução inicial durante as primeiras 48 horas que determina a duração da hospitalização na UCI.

- 220 pessoas tiveram um desfecho favorável, sem complicações, e receberam alta da UTI após 48 horas. Isto representa 74,6% da população total.
- 10 pacientes (3,4%) permaneceram na UTI por mais de 48 horas devido a um aborto refratário sob suporte hemodinâmico.
- 19 doentes (6,4%) tiveram uma estadia hospitalar reduzida de menos de 24 horas devido a morte.
- 45 pacientes foram evacuados ou encaminhados para angioplastia de resgate após falha da trombólise.

Tabela L: Progressão dos pacientes com IAMCST na UTI em 48 horas

Evolução às 48H	Mortes <48H	Transferido para cardiologia	Orientado para angioplastia	Mantido em USIC
FORÇA DE TRABALHO	20	220	45	10
%	6,78%	74,6%	15,25%	3,4%

d. Sucesso da trombólise e eficácia clínica :

É definida pelo aparecimento de uma síndrome de reperfusão que combina o desaparecimento da dor e a regressão do ST+.

Regressão da dor: verificou-se em 250 dos nossos doentes

A normalização do segmento ST+ aos 180 minutos foi observada em 220 doentes.

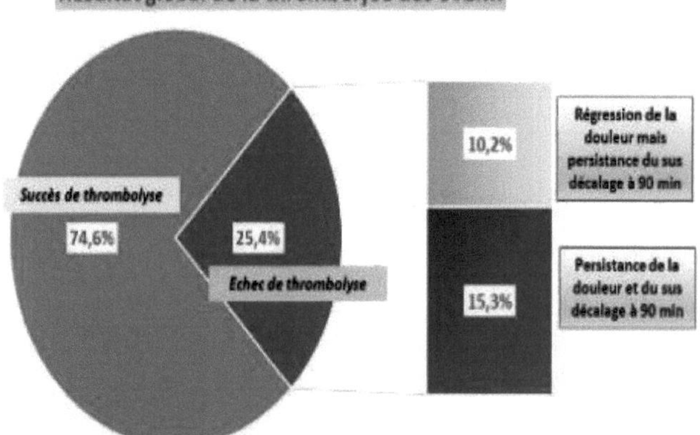

Figura 57: Resultado global dos doentes trombolizados no estudo

e. Síndrome de reperfusão e grupos etários :

O desaparecimento da dor torácica e a normalização da ST foram mais rápidos nos doentes com menos de 60 anos do que nos doentes com mais de 60 anos.

Em resumo, os pacientes que reperfundiram eram significativamente mais jovens do que aqueles que não reperfundiram, (57,26 ± 14,14 anos) em comparação com (59,59 ± 11,42 anos) com um (P=0,098).

Dos 220 doentes que reperfundiram (com sucesso clínico e elétrico), 55 eram diabéticos

(68,75% de um total de 80 doentes diabéticos) enquanto 165 doentes que reperfundiram eram não diabéticos (76,74% de um total de 215 doentes não diabéticos) com um P de (0,002).

Do mesmo modo, entre a amostra total de 295 doentes, no subgrupo de 220 doentes que reperfundiram, havia 55 doentes diabéticos (ou seja, 18,6%) e 165 doentes não diabéticos (ou seja, 55,9%) com um P de (0,003).

Os tempos médios de trombólise foram significativamente mais curtos no subgrupo reperfundido em comparação com o subgrupo não reperfundido, 202 min ± 7 vs 318 min ± 20 (P<0,05).

Tabela LI: Taxas de reperfusão clínica em pacientes com STEMI trombolizado

reperfusão		SIM N=220	NÃO N=75	P
Idade média		**57,26 ± 10,14 anos**	**59,59 ± 11,42 anos**	0,098
< 60 anos	148	**115**	**33**	
> 60 anos	147	**105**	**42**	
Diabéticos	80	**55**	**25**	
Não-diabéticos	215	**165**	**50**	0,003
Angina	26	**8**	**18**	-
Anterior Idm	171	**130**	**41**	-
Idm inferior	89	**77**	**12**	-
Tempo para a trombólise		**202 min ± 7 min**	**318 min ± 20 min**	<0,05
< 2H	94	**79**	**15**	
] 2H-6H]	157	**125**	**32**	
>6H	44	**16**	**28**	0,017

f. Eficácia e tempo de trombólise :

A evolução do supradesnivelamento de ST em função do tempo de trombólise mostra que a trombólise "precoce" antes de H6 está associada de forma muito significativa (p=0,0001) a uma melhor dinâmica de ST+ aos 180 min.

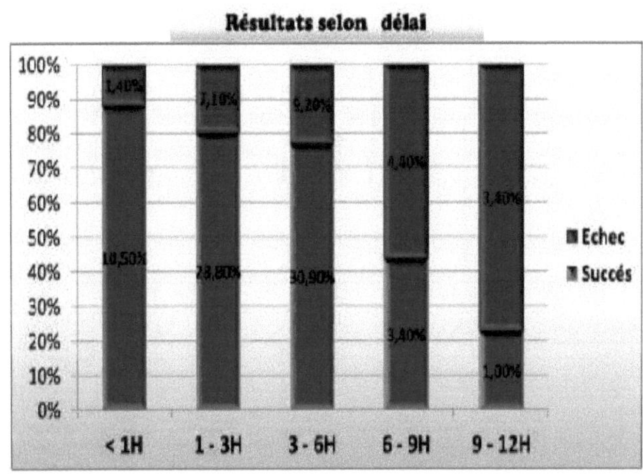

Figura 58: Repartição dos resultados de acordo com o atraso da trombólise

Tabela LII: Dinâmica do segmento ST+ aos 90 minutos e tempo até à trombólise

Tempo para a		Resolução ST+ N=220 (74,6%)	Doença ST+ persistente 90 min N=63 (21,35%)
<2H	N=94	79	15
[2H-6H]	N=157	125	32
>6H	N=44	16	28
Trombólise< H6	253	205	48
Trombólise> H6	42	15	27

g. Trombólise bem sucedida e disfunção ventricular esquerda :

A reperfusão completa foi conseguida principalmente quando os doentes foram trombolizados antes de H6 (85,71%).

É de salientar que 18 doentes continuaram a apresentar disfunção ventricular esquerda apesar do sucesso da trombólise, pelo que representam um subgrupo de doentes (sucesso + FE<40%).

Neste grupo de 18 pacientes (sucesso+ FE<40%), havia 13 diabéticos em comparação com 5 não diabéticos. A diferença é significativa.

Destes 18 doentes, 8 foram submetidos a fibrinólise após H6 em comparação com 10 antes de H6, uma diferença altamente significativa (p=0,0008). Se considerarmos os doentes TIMI3, a trombólise após H6 parece ter um mau prognóstico.

Tabela LIV: FEVE 40% e diabetes

	FE<40%.N=36		EF>40% N=259		P
DIABÉTICA	11	13.75%	69	86.25%	
NÃO-DIABÉTICOS 215	25	11.63%	190	88.4%	0,621

Tabela LIV: FEVE 40% e tempo para trombólise

	EF<40% N=36	FE>40% N=259	P
Trombólise < H6 253	25	228	
Trombólise >H6 42	11	31	0,003

i. Reperfusão clínica de acordo com o plano de trombólise :

Não houve diferença significativa entre os pacientes submetidos à trombólise à noite ou durante o dia. Da mesma forma, não houve diferença estatisticamente significativa na patência coronária entre os doentes que chegaram num dia útil e os que chegaram num feriado.

Tabela LV: Sucesso total da trombólise e tempo de admissão para pacientes com STEMI

REPERFUSÃO	Trombólise durante o dia 216		Trombólise nocturna 79	
Sucesso Total N=220	165	55,9%	55	18,64%
Sucesso clínico N=250	186	63%	64	21,7%

h. Eletrocardiográfico :

220 doentes com uma progressão favorável de ST+ ao minuto 90, enquanto 30 doentes, ou seja, 10% do grupo inicial, apresentavam ainda uma elevação significativa de ST+ às 3 horas após a trombólise, apesar do desaparecimento da dor. Estes foram os doentes em

que os derivados de nitrato foram mantidos até 48 horas. A análise dos factores susceptíveis de influenciar a cinética do ST+ aos 180 minutos incrimina o atraso da trombólise, a idade e a diabetes.

Tabela LVI: Possíveis determinantes da normalização de ST+ aos 90 min

		Sucesso elétrico N=220	Falha eléctrica N=63	P
TROMBÓLISE < H6	253	205	48	0,0001
TROMBÓLISE > H6	42	15	27	
IDADE <65ANS	192	147	45	0,285
IDADE >65ANS	103	73	30	
DIABETES	80	54	26	0,089
SEM DIABETES	215	166	49	
IDM ANTERIOR	171	130	41	0,0001
IDM POST	89	77	12	

Tabela LVII: Taxas de sucesso clínico e elétrico da trombólise

Sucesso		Clinique Seul	%	Clínica + eléctrica	%	Valor P
Sim		250	84,7	220	74,6	0,0001
Não		45	15,3	75	25,4	
Homens		213	86.2	189	76.5	0,004
Mulher		37	77.1	31	64.6	

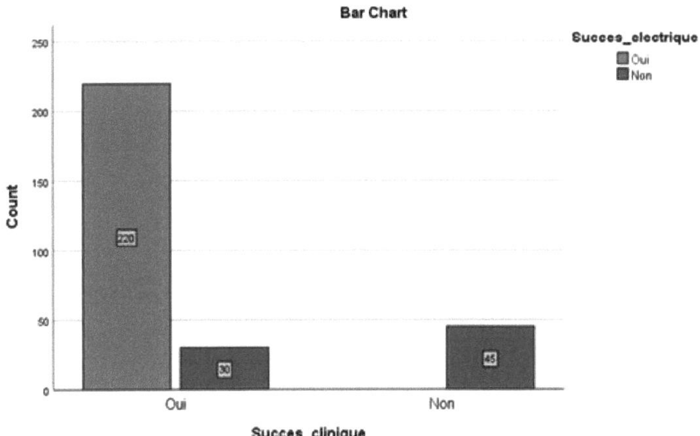

Figura 60: Repartição das taxas de sucesso clínico e elétrico

Tabela LVIII: Taxas de sucesso da trombólise clínica e eléctrica por grupo etário

Sucesso / Faixa etária	< 50	50 - 60	60 - 70	70 - 75	Total
Sucesso total	49	66	82	23	220
%	16.6	22.4	27.8	7.8	74.6%
Sucesso clínico isolado	8	7	6	9	30
%	2.7	2.4	2	3	10.15%

Falha total	7	11	18	9	45
%	2.4	3.7	6.1	3	15.25%

Tabela LIX: Resumo dos resultados dos doentes com EAMCST às 48 horas

	ADMI	[SSION-THRC		1MBOLYSE		A 48	HORAS			
Grupos etários (anos)	N	< 45	45 - 54	55 - 64	65 - 75	N	< 45	45 - 54	55 - 64	65 - 75
FORÇA DE TRABALHO	295	67	50	29	3	55	8	14	15	18
Homens	247	36	59	86	66	46	8	11	12	15
Mulheres	48	3	7	16	22	9	0	3	3	3
Dor	295	67	50	29	3	25	3	5	10	7
Deslocação Sus ST	295	67	50	29	3	55	8	14	15	22
KILLIP III-IV	22	2	2	8	10	6	0	2	2	2
TIMI > 6	61	8	5	22	26	44	6	5	15	18
EF < 40	36	6	6	9	15	18	4	6	2	6

11. Complicações precoces em doentes com STEMI trombolizado :

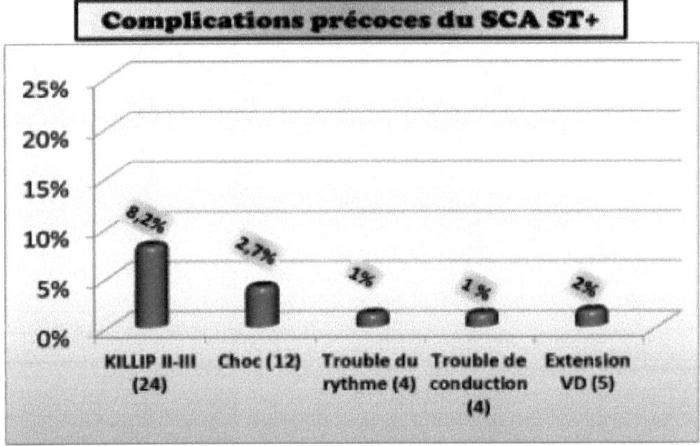

Figura 61: Complicações precoces em doentes com STEMI trombolizado

Tabela LX: Complicações precoces em doentes com STEMI trombolizado

	FORÇA DE TRABALHO		HOMENS N=247	MULHERES N=48
TV	3	1%	7	2
BAV II-III	5	1.7%	3	2
ABORTO	21	7.12%	17	4
CHOQUE CARDIOGÉNICO	12	4%	9	3
Persistência de ST+ aos 180 minutos	75	25.4%	58	17
Extensão VD	4	1.35%	1	3
KILLIP	3	1%	3	0

Tabela LXI: Complicações precoces em doentes com STEMI de acordo com a idade

Grupos etários dos doentes com STEMI	< 45	45-54	55-64	65 - 75	Total
CHOQUE CARDIOGÉNICO	1	0	9	2	12
Choque + extensão VD	0	0	0	4	4
ABORTO	3	4	6	8	21
KILLIP	0	2	0	1	3
Persistência de ST+ aos 180 minutos	10	14	24	27	75
BAVII-III	1	0	0	4	5
TV	0	0	2	1	3
Total	39	66	102	88	295

Quadro LXII: Complicações precoces em doentes com STEMI e diabetes

complicações precoces	Total 123	Diabetes n=41	Sem diabetes n=82
CHOQUE CARDIOGÉNICO	12	4	8
Choque + extensão VD	4	4	0
ABORTO	21	4	17

KILLIP	3	1	2
TV	3	0	3
BAVII-III	5	2	3
Persistência de ST+ aos 180 minutos	75	26	49

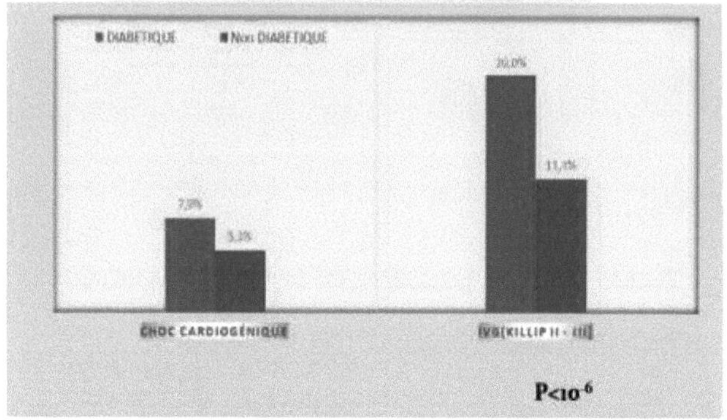

Figura 61: Impacto da diabetes no resultado dos doentes com EAMCST

Quadro LXIII: Complicações precoces por idade 65 anos

Complicações precoces do STEMI em comparação com a idade de 65 anos			
	< 65	65-75	Total
CHOQUE CARDIOGÉNICO	9	3	12
Choque + extensão VD	0	4	4
ABORTO	13	8	21
KILLIP	2	1	3
TV	2	1	3
BAVII-III	1	4	5
Persistência de ST+ aos 180 minutos	45	30	75

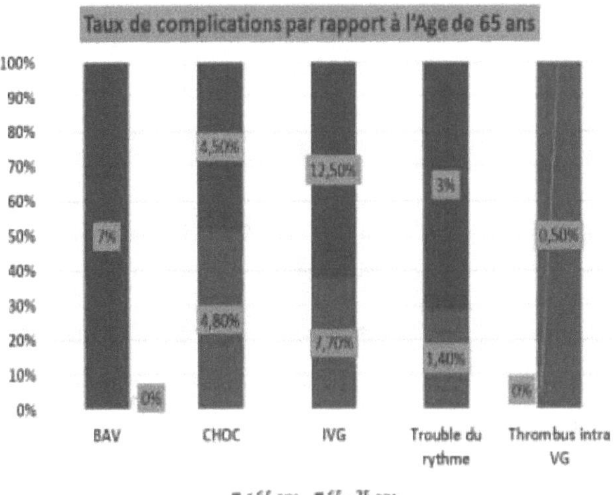

Figura 62: Taxas de complicações em relação à idade de 65 anos

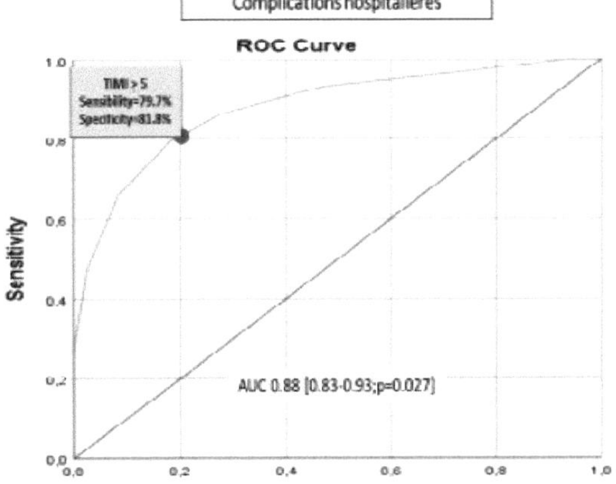

Figura 63: Curva ROC para complicações hospitalares

Quadro LXIV: Estudo univariado e multivariado das complicações hospitalares

'I para Nation dun rr-tr пи di thrnmbnlyif da síndrome nprnariín aiju JT4 tux urline" mitìw th¡rurgicalí t de Mostagán oт "installation d'un réseau de thrombolyse du syndrome coronarien aigu ST+ aux urgences médico-chirurgicales de Mostaganem"

Complications hospitalières/Paramètres	Analyse univariée OR [IC 95%] p	Analyse multivariée ORa [IC 95%];p
Age : 65-75 ans	2.1 [1.1-3.8]; p=0.017	2.6 [1.0-6.5] ; p= 0.043
Sexe féminin	3.9 [1.5-10.2]; p= 0.003	2.9 [0.9-9.1] ; p= 0.072
Provenance	2.2 [1.2-4.1]; p=0.017	4.1 [1.5-10.7] ;p= 0.004
Délai ≥ 6H	4.9 [1.5-12.7]; p< 10^{-3}	0.5 [0.2-1.7] ; p= 0.258
Diabète	2.9 [1.2-7.3]; p=0.017	0.5 [0.2-1.6] ; p= 0.257
HTA	2.7 [1.1-6.9]; p=0.027	0.6 [0.2-1.9] ; p= 0.400
Antécédent ischémique	5.4 [1.9-15.7]; p=0.001	3.4 [0.9-11.1] ; p= 0.078
FC>100 bats/min	14.3 [7.2-28.6]; p< 10^{-3}	8.6 [3.2-22.5] ;p< 10^{-3}
3 FDRC et plus	4.6 [1.8-12.0]; p= 0.001	1.9 [0.5-6.7] ;p= 0.317
Echec de thrombolyse	20.9 [10.3-42.5]; p< 10^{-3}	10.0 [4.0-25.0] ;p< 10^{-3}

12. Acidentes e incidentes pós-trombólise :

Quadro LXV: Complicações hemorrágicas de naves espaciais trombolizadas

	SÉRIE	%
Hemorragias ligeiras e mínimas	6	2%
Hemorragia grave	2	0,7%
TOTAL	8	2,7%

Tabela LXVI: Complicações hemorrágicas e grupos etários de doentes com STEMI tratados com trombólise

Classe Idade	< 45	45-54	55-64	65 - 75	Total
Epistaxe	1	0	0	0	1
Hematémese	1	0	0	0	1
Gengivorragia	0	1	1	0	2
Hematúria	0	0	1	0	1
Hemorragia cerebral	0	1	0	0	1
Hemorragia mínima na FAV	0	0	1	0	1
Síndrome hemorrágico	0	0	1	0	1
TOTAL	2	2	4	0	8

Quadro LXVII: Acidentes e incidentes pós-trombólise

Acidentes e incidentes de trombólise

Accidents et incidents à la thrombolyse

N=295	Nombre total d'accidents	Hémorragies Mineures	Hémorragies majeures
N	9	7	2
%	3,05 %	2,37 %	0,68 %

13. Estudo da mortalidade intra-hospitalar :

a. Taxa de mortalidade num mês :

De um total de 295 pacientes, 20 morreram entre 0 e 30 dias.

A mortalidade total foi, portanto, de 6,78%. Na H6 o número de óbitos atingiu 18 doentes (ou seja, 6,1%), às 24 horas registou-se mais 1 óbito (ou seja, 6,4%) e às 48 horas registou-se mais um óbito, perfazendo um total de 20 doentes que morreram e 275 que sobreviveram.

Tabela LXVIII: Taxa de mortalidade de doentes com STEMI tratados com trombólise

Falecido	N	A H6	De H6 a 24 H	De H24 a D30
SÉRIE	20	18	1	1
%	6,78%	6,1%	0,33%	0,33%

b. Caraterísticas clínicas dos doentes que morreram :

> Idade: a idade média dos doentes que morreram foi de 63,5 ± 9,9 anos, em comparação com 57,44 ± 10,4 anos para os sobreviventes.

> Os doentes que morreram eram significativamente mais velhos do que os que sobreviveram (p = 0,013).

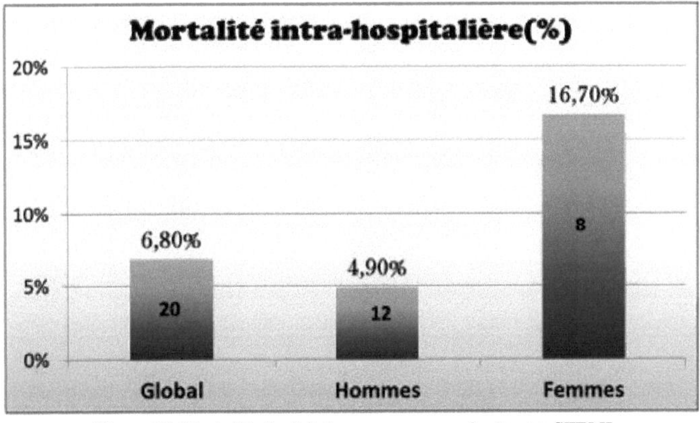

Figura 65: Mortalidade global por sexo na população com STEMI

- Relativamente aos grupos etários dos doentes que faleceram, 2 tinham menos de 40 anos, 9 entre 55 e 64 anos e 9 entre 65 e 75 anos.
- Género: morreram 12 homens e 8 mulheres.
- Os homens que morreram: 1 com menos de 45 anos, 7 com idades compreendidas entre os 55 e os 64 anos e 4 com idades compreendidas entre os 65 e os 75 anos.
- As mulheres que morreram: 1 com menos de 45 anos, 2 com idades compreendidas entre os 55 e os 65 anos e 5 com idades compreendidas entre os 65 e os 75 anos.
- Topografia do enfarte do miocárdio: 8 dos 20 doentes que faleceram tinham um enfarte com uma topografia anterior extensa, 5 doentes tinham uma topografia inferior e 3 doentes tinham uma topografia circunferencial.
- Diabetes: 10 dos 20 doentes que morreram tinham diabetes.
- Estado hemodinâmico: 16 dos 20 doentes (8 homens e 8 mulheres) que morreram tinham um estado hemodinâmico de base precário (KILLIP III ou IV).
- Tempo de trombólise: 9 dos 20 pacientes que morreram foram trombolisados após H6. O tempo médio de trombólise para os pacientes que morreram foi de 327 min (5H27min) em comparação com 214 min (3H34min) para os sobreviventes.
- Na hora H6, 15 pacientes haviam falecido e após 6 horas, outros 5 pacientes haviam falecido, totalizando 20 pacientes com IAMCSST trombolisados a tempo e que faleceram (tabela 66).
- Mortalidade e score de risco TIMI: 17 doentes que faleceram de um total de 20 tinham um score TIMI >6; 6 destes foram pontuados (6, 7 ou 8) e os restantes 11 doentes tinham um score superior a 8.

Tabela LXIX: Mortalidade de doentes com STEMI trombolizado, por sexo e idade

Óbitos/Género/Idade (anos)	< 45	45-54	55-64	65 - 75	TOTAL
Homens	1	0	7	4	12
Mulher	1	0	2	5	8
Total	2	0	9	9	20

Tabela LXX: Mortalidade de doentes com STEMI trombolizado e respectiva pontuação TIMI

Morte: pontuação de risco TIMI	FORÇA DE TRABALHO
0, 1, 2	1
3, 4,5	2
6, 7, 8	6
>8	11

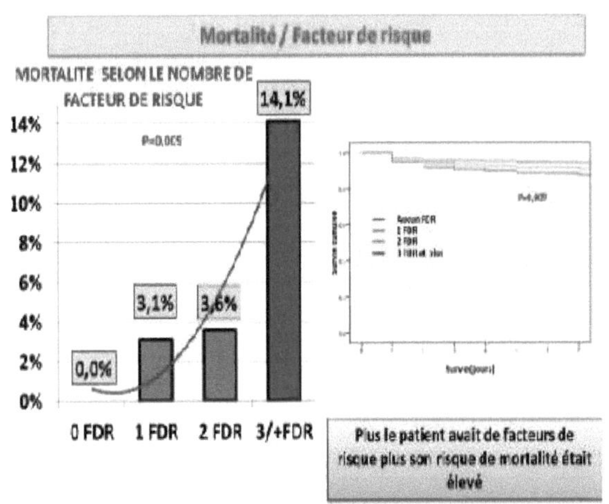

Figure 66 : Mortalité selon le nombre de FDRC

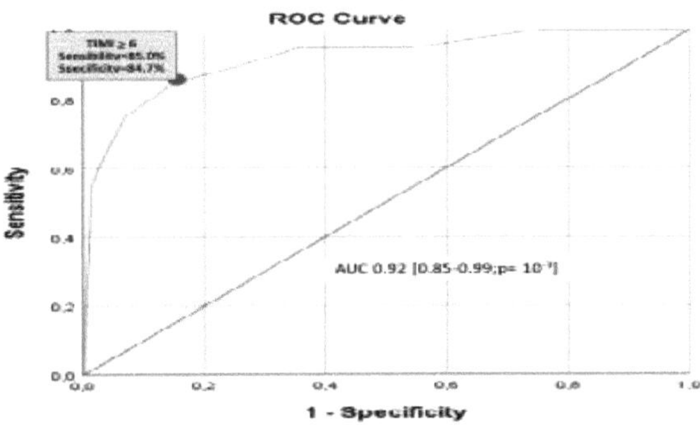

Figura 67: Curva ROC para a mortalidade hospitalar

Quadro LXXI: Resumo dos dados relativos aos doentes que morreram

Resumo dos doentes falecidos								
N°	Código	Território	Idade (anos)	Prazo de entrega	Nb FRCV	Fibrinolítico	Hora do óbito	CAUSA
1	113	Frente alargada	61	H2	3	Alteplase	3H	CHOQUE
2	214	Frente alargada	63	H10	3	Alteplase	2H	CHOQUE
3	223	Frente alargada	63	H5	2	Tenecteplase	6H	CHOQUE
4	257	Frente alargada	39	H2	1	Tenecteplase	1H	CHOQUE
5	292	Frente alargada	59	H4	5	Alteplase	4H	CHOQUE
6	270	Frente alargada	38	H7	1	Alteplase	3H	CHOQUE
7	230	Lateral	66	H7	2	Alteplase	1H	CHOQUE
8	249	Anterosseptoapical	59	H3	2	Tenecteplase	2H	CHOQUE
9	231	Circonferencial	64	H10	5	Alteplase	4H	CHOQUE
10	21	Inferolateral	74	H11	2	Alteplase	4H	CHOQUE
11	244	Inferior	67	H9	3	Tenecteplase	2H	BAV
12	248	Inferolateral	70	H3	3	MET	1H	BAV
13	252	inferior	74	H2	3	MET	1H	BAV
14	265	circunferencial	69	H1	4	MET	1H	BAV
15	141	frente alargada	61	H6	4	MET	2H	TSV
16	106	inferior	75	H1	2	MET	30 minutos	TV
17	69	frente alargada	61	H11	3	ACT	6H	OAP
18	132	circunferencial	70	H8	3	MET	39H	OAP
19	283	inferior	73	H11	3	ACT	6H	OAP

20	138	inferior	64	H2	3	MET	12H	Hemorragia

Quadro LXXII: Estudo univariado e multivariado da mortalidade hospitalar

Morti liti hfljpiti liH/PlFi rritw	Anular unlwttf OB[K9S%j;p	Analpt 1лиM|цr1й wn^tifln nell- 0Ri [FC9S%J;p
Idade.tfS-TSMt	2.D [П.B-5.1]; p= 0.134	.
Sene iémEnEn	3.9[l.HD.Z]j piD.007	
Fonte	4,911,3-155]; p*Я7	
	4Í [1,7-124]; p=fl.005	Ц [Ш9.6]; p=M2
Dii bèta	2.9 [1.2-7.3] ¡p= M3	
НТД	2.7 | LI-TJDJ; p= Ü.D32	
Anríiídentlwhémlque	9.511.9-15.4]; p=0.ДO4	
3 FDRC e plui	4,6 [1£Ш]; p=O.OH	
FC>100 bati/mrn	14.115.1-38.9); p <1D-4	
E(h "dethr&mbttlyw	Hl[9J "7.ÖJ;p<№*	.
Choque cardiogénico	271,1[3Ш1Ш]!p<10	MSJ [35,2-25Д2,4]; p < ID
Perturbação do ritmo	7.У [l.a-34jl]¡ p =Ü.O17	.

Quadro LXIII: Repartição dos óbitos ao longo do tempo por causa dominante e agente trombolítico

Tempo até à morte após trombólise	0:30	1:00	2:00	3:00	4:00	6:00	12:00	39:00	Total	P
Tenecteplase	1	4	3	0	0	1	1	1	11	0,08
Alteplase	0	1	1	2	3	2	0	0	9	
Estado do chocolate	1	2	4	2	0	3	0	1	13	0,000
Sem choques	0	3	0	0	3	0	1	0	7	
Força de trabalho	1	5	4	2	3	3	1	1	20	

> No dia 24 de outubro, 6 doentes tinham morrido em choque cardiogénico na sequência de um enfarte anterior extenso e 2 doentes de fibrilhação ventricular maligna refractária às manobras de reanimação e sem resposta ao tratamento à base de amiodarona.

> Entre H24 e 1 mês, houve 1 óbito, o de um paciente de 70 anos que apresentou necrose circunferencial complicada por uma PAO associada a um estado de choque e finalmente assistolia e óbito após 39 horas.

Tabela LXXIV: Caraterísticas clínicas dos doentes que morreram

Classes de morte	<H6	H6 a J1	D1 a D30
Força de trabalho	N=18	N=1	N=1
IDADE MÉDIA (anos)	59,9± 13,3	64	70
SEXO FEMININO	3	4	1
IDM ANTERIOR	6	3	0
IDM INFERIOR	4	2	0
TABAC	8	3	0
DIABETES	4	5	1
KILLIP I, II	3	2	0
KILLIP III, IV	9	5	1
PAS<100	6	4	0
HR>100	6	6	1

Atraso do trombolyse			
<2H	8	0	0
] 2H-6H]	5	1	0
> 6H	7	6	1
<H6	13	1	0

Tabela 75

c. Causas de morte :

Tabela LXXV: Causas de morte em doentes submetidos a trombólise

	Morte antes de H24 N=19	Morte entre H24 e D30 N=1
BAV-ASYSTOLIA	4	0
TV-FV	2	0
CHOQUE	10	0
OAP maciço	2	1
Hemorragia	1	0

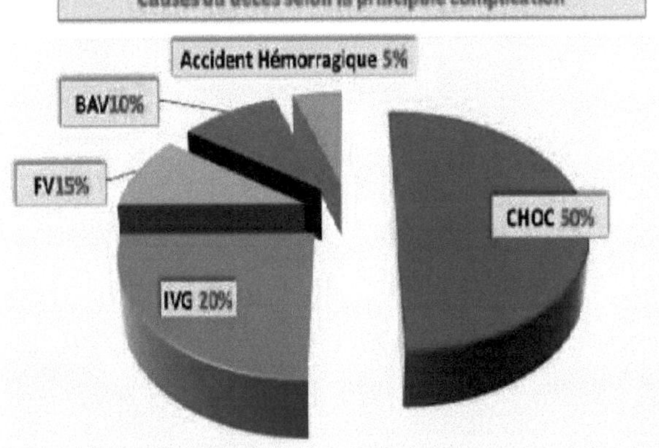

Figura 68: Causas de morte na população com EAMCST

Tabela LXXVI: Mortalidade e tempo até à trombólise

Tempo para a trombólise	H0-H2	H2-H6	>H6
Mortes	8	5	7
Mortalidade	2,7%	1,7%	2,4%

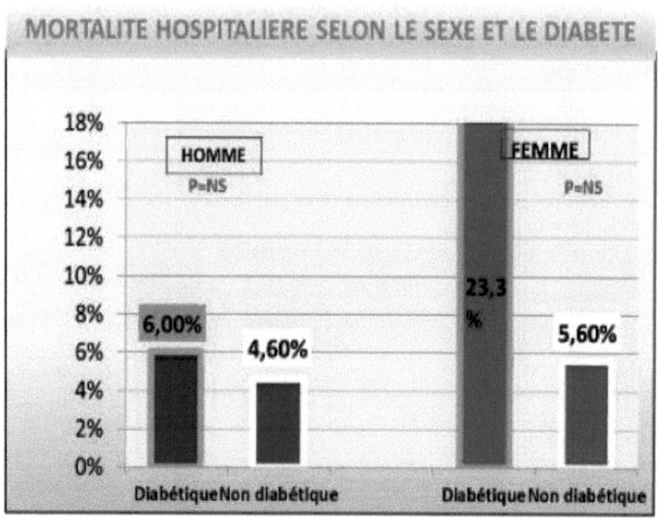

Figura 69: Mortalidade por diabetes e sexo na população com STEMI

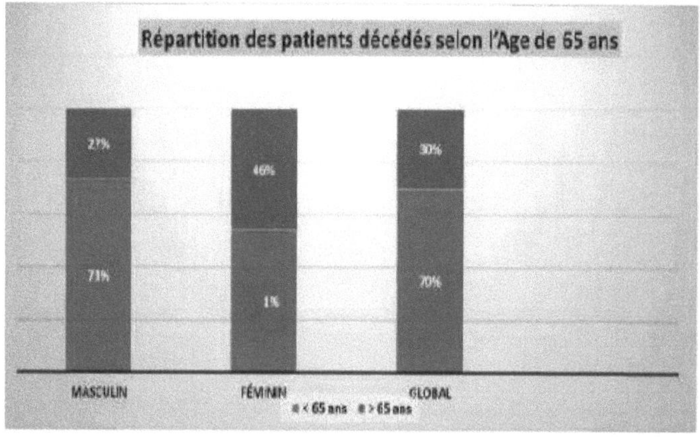

Figura 70: Repartição dos doentes que morreram por idade 65 anos

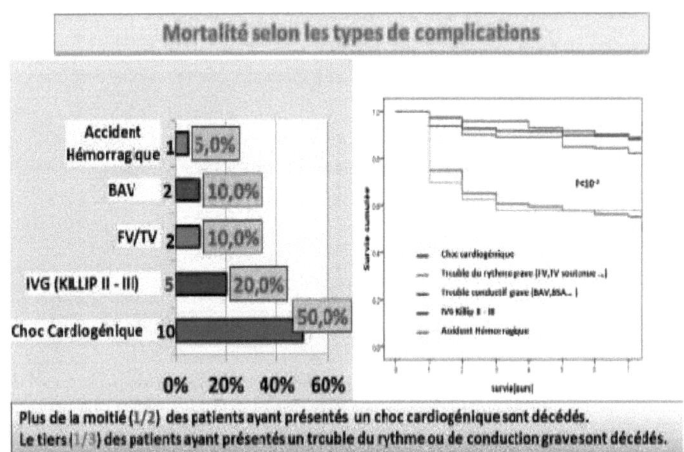

Figura 71: Mortalidade por tipo de complicação

14 Alta do doente :

Quadro LXXVII: Modo de alta dos doentes com STEMI trombolizado, por sexo

Alta da UTI	Sucesso +Transferência para a Cardiologia	Insucesso+ Encaminhamento para angioplastia	Falecido
H	177	58	12
%	60%	19.7%	4.07%
F	31	9	8
%	10.5%	3%	2.7%
TOTAL	208	67	20
%	70.5%	22.7%	6.78%

Quadro LXXVIII: Modo de alta dos doentes com STEMI trombolizado, por grupo etário

Modo de saída/idade da turma	< 45	45-54	55-64	65 - 75	Total	%
Estável em Cardiologia	29	52	76	51	208	70.5%
Encaminhado para angioplastia	8	14	17	28	67	22.7%
Falecido	2	0	9	9	20	6.8%
Total	39	66	102	88	295	100

Na prescrição de alta, as prescrições podem ser detalhadas da seguinte forma:

> Enoxaparina: foi prescrita uma dose curativa para todos os doentes.

> Aspirina: 100 mg por dia, por via oral, foi prescrita a todos os doentes.

> Clopidogrel: 75 mg por via oral por dia foi prescrito a todos os doentes.

> Betabloqueadores: foram prescritos a 237 doentes (80,3%), com exceção de 58 doentes que tinham contra-indicações para este tratamento pelas seguintes razões (21 casos de aborto, 5 casos de BAV, 12 casos de choque cardiogénico).

> Inibidores da enzima de conversão (ICE): foram prescritos a 236 doentes (80%), com exceção de 39 doentes que estavam contra-indicados pelas seguintes razões (21 casos de

instabilidade da pressão arterial, 12 casos de choque cardiogénico, 2 casos de insuficiência renal, 4 casos de extensão do ventrículo direito).

> Derivados do nitrato: foram prescritos a 239 doentes, com exceção de 56 doentes com contra-indicações para a sua utilização (12 choques cardiogénicos, 4 extensões do ventrículo direito, 21 IVGs e 15 hipotensões arteriais).

> Amiodarona: prescrita 3 vezes para taquicardia ventricular

> Furosemida per os: foi prescrita 8 vezes para doentes com aborto.

-estatinas: prescritas a todos os doentes.

Quadro LXXIX: Tratamento médico de alta

Tratamento médico de alta			
	Medicamentos	**Trabalhadores**	**%**
Tratamento médico de alta	**Bloqueadores beta**	**237**	80,3%
	CEI	**236**	80%
	Nitratos	**239**	81%
	ESTATINOS	**275**	93.2%
	Aspirina	**275**	93.2%
	AMIODARONA	**3**	1%
	Anticíticos	**2**	0.7%
	FUROSEMIDE	**8**	2.7%

14. Resumo geral dos dados dos doentes com STEMI :

Tabela LXXX: Resumo geral dos dados dos doentes com STEMI do estudo

Classe Idade (anos)			**< 50**	**50 - 59**	**60 - 69**	**70 -75**
Falecido		20	2	2	10	6
Homens		12	1	2	7	2
Mulheres		8	1	0	3	4
Residência	**Mostaganem**	3	0	0	1	2
	Ain Nouissy	1	0	0	1	0
	Ain Tadles	4	1	0	3	0
	Bouguirat	4	1	0	2	1
	Sidi Ali	1	0	1	0	0
	Mamache	4	0	0	2	2
	Mesra	2	0	0	1	1
	Passageiros	1	0	1	0	0
Método de admissão	**Posições de emergência**	6	0	1	3	2
	Evacuação	9	2	1	5	1
	Orientação	5	0	0	2	3
Hora de admissão	**Das 8h às 20h**	15	1	2	7	5
	8pm-8am	5	1	0	3	1
Factores de risco	**Diabetes**	10	0	1	4	5
	HTA	11	0	1	7	3
	Obesidade	4	0	1	1	2
	Excesso de peso	7	1	0	4	2
	Dislipidemia	14	1	1	8	4
	Tabaco	11	1	2	7	1

Número de factores de risco	Não	0	0	0	0	0
	1 fator	2	2	0	0	0
	2 factores	5	0	1	2	2
	3 factores e mais	13	0	1	8	4
História de angina		6	1	0	4	1
Killip III-IV		16	2	2	6	6
TIMI > 5		17	2	1	9	5
Topografia do STEMI	Anterior	9	2	2	5	0
	Posterior	5	0	0	2	3
	Posterolateral	2	0	0	0	2
	Circunferencial	3	0	0	2	1
Retardar a dor - Trombólise		12	1	1	7	3
Ecocardiografia	FE < 40%	18	2	1	9	6

15. Impacto da criação de uma rede de trombólise STEMI no serviço de urgência do Hospital Universitário de Mostaganem:

A instalação de uma rede de trombólise na UCI de urgência de Mostaganem tem sido muito criteriosa e de grande interesse terapêutico e prognóstico para a população da região, uma vez que de ano para ano o recrutamento de doentes é claramente crescente e a demora na consulta dos doentes é cada vez menor de ano para ano, como se pode verificar na tabela e na figura para os quatro anos do estudo.

Tabela LXXXI: Tendência do tempo de trombólise ao longo dos quatro anos do estudo

Tempo para a trombólise	Ano 2019	Ano 2020	Ano 2021	Ano 2022	TOTAL
< 2H	22	28	30	42	122
2 a 6H	37	34	32	34	137
> 6H	7	10	10	9	36
TOTAL	66	72	72	85	295
% Atraso<2H	33%	39%	42%	49,4%	42%
% de atraso 2-6H	56%	47%	44%	40%	45%
% de atraso 6-12H	11%	14%	14%	10,6%	13%

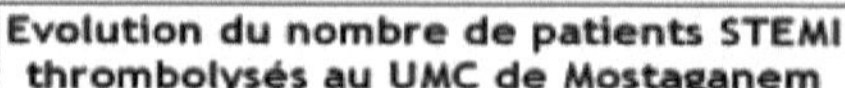

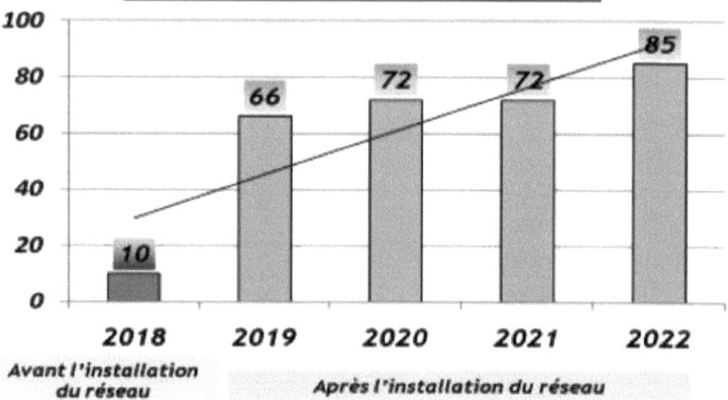

Figura 72: Tendência do número de doentes tratados com trombólise ao longo dos 4 anos do estudo

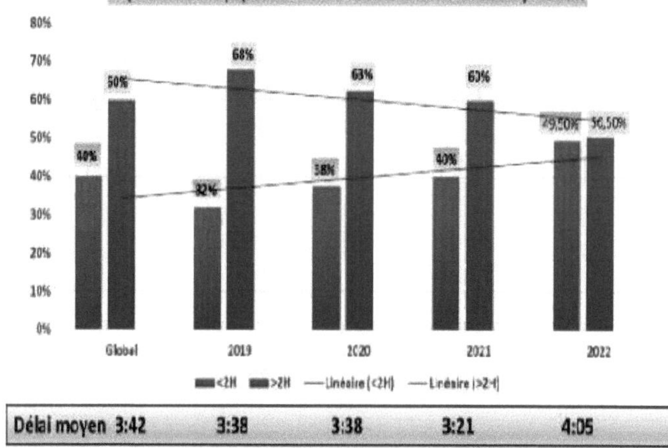

Figura 73: Distribuição dos doentes com EAMCST de acordo com o atraso de 2 horas

16. Factores preditivos de complicações precoces do STEMI na admissão :

Os factores preditivos de complicações do EAMCST cruzados durante o nosso estudo, como se pode ver na tabela 73, são principalmente: idade > 50 anos nos homens e > 60 anos nas mulheres, existência de 2 ou mais CRDFs, admissão de doente em choque, score TIMI > 6, grau KILLIP > II e FC > 100 batimentos por minuto.

Tabela LXXXII: Factores preditivos de complicações precoces do EAMCST na admissão

Taxas de mortalidade / Parâmetros	SIM	NÃO	P
Classe Homens > 50	12	1	0,159
Classes Mulheres > 60	6	1	0,479
Género Masculino	12	8	0,003
IMC > 25	12	8	1
Mais de 2 FDRC	18	2	0,169

Existência de um distúrbio de condução	4	16	0,007
Existência de choque cardiogénico	14	6	0,0001
Atraso > 2H	12	8	0,974
Pontuação TIMI > 6	17	3	0,000
Grau KILLIP > 2	16	4	0,000
PAS100 < 100	11	9	0,000
FC >100	14	6	0,000
Topografia anterior	9	11	0,034
Fumador	11	9	0,381
Diabético	10	10	0 ,017
Hipertenso	12	8	0,027

17. Propor uma estratégia de trombólise adaptada à nossa região.

O objetivo primário da terapêutica de reperfusão (quer com fibrinolíticos quer com intervenção coronária percutânea (ICP) primária) é restaurar o fluxo sanguíneo para o miocárdio isquémico previamente viável e reduzir a dimensão do enfarte.

São necessários esforços contínuos para melhorar os circuitos de cuidados pré-hospitalares (transporte médico), para sensibilizar os doentes para os sintomas do STEMI e para a necessidade de procurar aconselhamento médico o mais rapidamente possível, e para equipar o Mostaganem com uma sala de cateterismo, a fim de introduzir a ICP e melhorar o prognóstico vital dos doentes com STEMI na nossa região.

Graças à utilização de estratégias terapêuticas modernas, medicamentosas e de intervenção, é possível reduzir a mortalidade e a morbilidade na fase inicial do enfarte do miocárdio. Para tal, há que ter em conta a necessidade de :

- Ajudar os médicos de clínica geral em serviço na periferia do CHU através de teleconsulta (interpretação à distância por um médico qualificado do ECG efectuado no terreno) a aderir à nossa rede e a trombolizar os seus doentes no local, enviando-os depois em ambulância médica para o CHU para acompanhamento na UCI.
- Ativar o papel do INEM na trombólise pré-hospitalar,
- Adotar uma estratégia de prevenção da FDRC,
- Lançar uma campanha de informação dirigida ao público em geral e à comunidade de cuidados de saúde sobre a dor torácica, a fim de reduzir o tempo necessário para decidir consultar um médico e, consequentemente, o tempo necessário para entrar no hospital e receber tratamento.

V.DISCUSSÃO :

A doença isquémica do coração é atualmente a principal causa de morte em todo o mundo. A patologia coronária é atualmente o motivo mais frequente de consultas de urgência.

Na Argélia, a mortalidade por enfarte do miocárdio não é conhecida com precisão. Um número crescente de síndromes coronárias está a ocorrer em jovens, com consequências trágicas, com uma estimativa nacional de 24.000 SCA por ano na Argélia [96].

A. Caraterísticas epidemiológicas :

1. Sexo:

A nossa população de 295 doentes coronários era constituída por 247 homens (**83,7%**) e 48 mulheres (**16,3%**). Verificou-se um claro predomínio do sexo masculino, com um rácio de **5,1**, ou seja, cinco homens por cada mulher.

Este resultado está de acordo com a maioria dos estudos que mostram que a frequência de patologia coronária nos homens é maior do que nas mulheres, devido ao facto de os homens consumirem mais tabaco e outros produtos tóxicos [294] e de as mulheres estarem protegidas até à menopausa por restrogénios.

Um estudo realizado em 2004 no Hospital Universitário Hussein-Dey, em Argel, revelou que 12% dos 119 doentes hospitalizados por enfarte do miocárdio eram mulheres [295].

Noutros estudos realizados na Argélia, foi encontrado um rácio entre os sexos de **3,87** no estudo multicêntrico STAMI [296], **2,41** no estudo de Boussouf et al [297] em Sétif e **2,4** no estudo de Laraba [298] em Argel. Esta predominância masculina também foi encontrada em praticamente todos os estudos internacionais. A razão de sexos foi de **4,14** na Tunísia no trabalho de Milouchi et al [299], **3,87** na África subsaariana no trabalho de N'Guetta et al [300] e **3,22** no Egito no estudo de Gouda et al [301]. As taxas de trombólise em mulheres nas várias séries internacionais oscilam em torno de 20%, como no registo MONICA [302], onde as taxas anuais de enfarte do miocárdio são 233/100.000 para os homens e 37/100.000 para as mulheres. No estudo GUSTO-1, de um total de 41.021 pacientes incluídos, apenas 25% eram mulheres.

Tabela LXXXIII: Comparação das proporções de casos de STEMI na literatura

Autores	McManus et al.	L. Belle et al.	N.Haouchine et al.	F. Addad et al.	H.Akoudad et al.	A nossa série
Países de estudo	**Estados Unidos**	**França**	**Argélia**	**Tunísia**	**Marrocos**	-
Referência Bibliografia.	[303]	[304]	[295]	[305]	[306]	-
Homens (%)	**60,6%**	**75%**	**88%**	**88,5%**	**75%**	**83,7 %**
Mulheres (%)	**39,4%**	**25%**	**12%**	**11,5%**	**25%**	**16,3%**

2. Idade :

A idade é um fator determinante e agravante na acumulação de factores de risco cardiovascular. A idade média da nossa amostra de doentes coronários foi de **57,85 ± 10,51 anos**, com extremos que variaram entre os 27 e os 75 anos.

A diferença de idade média entre os sexos é significativa: os homens **(57,02 ± 10,52 anos)** hospitalizados no nosso estudo eram mais jovens do que as mulheres **(62,13 ± 9,47 anos)**.

A idade média dos nossos resultados está de acordo com os relatados por vários registos internacionais, tais como o registo ACCESS do Norte de África, que é de **59** anos [307], o estudo INTER HEART Africa, que é de **54,3** anos [308], e o registo GULFRACE-2, que é de **56** anos [309].

Quadro LXXXIV: Comparação da idade média de início do stemi na literatura

Autores	McManus et al.	L. Belle et al.	AM.Belgacem	F. Addad et al.	H.Akoudad et al.	A nossa série
País	**Estados Unidos**	**França**	**Argélia**	**Tunísia**	**Marrocos**	-
Referência	[303]	[304]	[313]	[305]	[306]	-
Idade média (anos)	**60 ± 13**	**63± 14**	**58.8 ± 10.3**	**60,8 ± 12,2**	**60**	**57,85 ± 10,51**

No nosso estudo, até aos 55 anos, os homens são mais frequentemente afectados pelo STEMI; entre os 55 e os 65 anos, tantos homens como mulheres são afectados pelo STEMI e, acima dos 65 anos, o STEMI afecta principalmente as mulheres. Isto pode ser explicado pelo facto de as mulheres estarem protegidas até à menopausa pelos restrogénios.
A idade média dos nossos doentes (57,85 anos) é inferior à dos doentes incluídos no estudo GRACE [310], com uma idade média de **64** anos, e no estudo CRUSADE [311], com uma idade média de **64,4** anos.
No nosso estudo, a média de idade das mulheres (62,13 anos) foi 5 anos superior à dos homens (57,02 anos), um achado encontrado em várias outras séries de estudos como o GUSTO, onde as mulheres eram em média 7 anos mais velhas que os homens [266, 294, 312].
A idade é um fator que limita a utilização de trombolíticos devido ao seu risco hemorrágico. Isto explica o facto de a maioria dos grandes ensaios de trombólise anteriores ao GUSTO terem imposto um limite máximo de idade de 75 anos.
Em comparação com várias séries internacionais, a nossa população é mais jovem, com 86,4% (255 doentes) com idade inferior a 70 anos no dia do enfarte, contra apenas 13,6% (40 doentes) com idade entre 70 e 75 anos. No GISSI-2, 22,5% da população estudada tinha idade superior a 70 anos [264]; no ISIS-3, 26,1% dos doentes tinham idade igual ou superior a 70 anos [265].
Num estudo intitulado "Management oriented towards reperfusion in the acute phase of myocardial infarction", realizado no Hôpital Bichat [314] e que envolveu 700 doentes entre 1988 e 1996, a idade média dos doentes foi de 59 ± 13 anos e 21% tinham mais de 70 anos.
Outro estudo suíço, também publicado em 1997 [315], recolheu 627 casos entre 1986 e 1995 e encontrou uma idade média dos doentes de 61 ±12 anos (26 a 88 anos), com 25% dos doentes com mais de 70 anos.
Na Tunísia, num estudo hospitalar prospetivo, sem limitação de idade, efectuado em 2005 em 5 serviços de cardiologia [316], a idade média dos homens foi de 58,8 ± 12,2 anos, enquanto a das mulheres foi de 65,9 ± 11,5 anos.

B. Factores de risco coronário :

1. População diabética :

Na nossa série, 27,1% dos doentes eram sabidamente diabéticos no dia do enfarte, dos quais 20,2% eram homens e 62,5% mulheres.

Quadro LXXXV: Percentagens de diabéticos+ stemi na literatura

ESTUDO	ISIS-3	GUSTO-1	GUSTO IIb	GUSTO III	A nossa série
Diabéticos	11.3	15	13.4	16	27,1
Referência	[265]	[266]	[267]	[268]	-

82,5% dos nossos doentes diabéticos têm **mais de 55 anos e são** mais velhos do que os não diabéticos (idade média de 62,26 ± **8,37 anos para os diabéticos em comparação com** 56,21 ± 10,77 anos para os não diabéticos); isto deve-se provavelmente ao facto de quase metade deles serem mulheres, que são mais velhas.
É interessante notar que a diabetes e o excesso de peso estão fortemente ligados no nosso estudo, uma vez que o IMC (índice de massa corporal) dos doentes diabéticos é mais

elevado do que o dos não diabéticos (26,83 ± 3,24 em comparação com 25,48 ± 3,37). Este facto pode ser explicado pela síndrome metabólica, na qual a diabetes e a obesidade visceral partilham a mesma patogénese, nomeadamente a resistência à insulina.

5. População hipertensa :

A idade média dos doentes hipertensos foi de 62,44 ± 8,50 anos, em comparação com 55,20 ± **10,66** anos para os doentes não hipertensos.

36,6% dos nossos doentes são hipertensos confirmados, e é frequentemente a diabetes que leva à descoberta da hipertensão.

É de salientar que a combinação de diabetes e hipertensão afecta 15,25% dos nossos doentes.

Quadro LXXXVI: Comparação das percentagens de doentes com hipertensão + stemi na literatura

ESTUDOS	GABRIEL STEG	GUSTO-1	GUSTO IIb	GUSTO III	A nossa série
% HTA	32,1	38	39	39,5	36.6
Referência	[317]	[266]	[267]	[268]	-

De um modo geral, os nossos valores parecem estar de acordo com os da literatura.

No GUSTO-I, cerca de 38% dos doentes eram hipertensos, contra 39% e 39,5%, respetivamente, no GUSTO IIb e no GUSTO III. Num estudo publicado no JACC (Journal of the American College of Cardiology), P. Gabriel Steg verificou que 32,1% dos doentes eram hipertensos.

6. População fumadora :

A idade média dos fumadores no nosso estudo foi de 55,46 ± **10,49** anos, muito inferior à dos não fumadores, que foi de 62,12 ± **9,14** anos.

64,1% dos nossos doentes eram fumadores regulares que ainda não tinham deixado de fumar no dia do enfarte. Esta taxa foi de 43% no GUSTO-I, 61% no GUSTO IIb e 41,4% no GUSTO III.

Tabela LXXXVII: Comparação das percentagens de fumadores + STEMI na literatura

ESTUDO	A.Bosset	GUSTO-1	GUSTO IIb	GUSTO III	A nossa série
de fumadores	70	43	61	41,4	64,1
Referência	[318]	[266]	[267]	[268]	-

Este valor de 64,1% é alarmante e exige a realização de campanhas anti-tabaco e a eliminação definitiva do tabaco, uma vez que o seu risco cardiovascular persiste até três anos após a cessação.

6. População dislipidémica :

A idade média dos doentes com dislipidemia foi de 57,89 ± **10,18** anos, em comparação com 57,83 ± **10,73** anos para os doentes sem dislipidemia.

37,3% dos doentes do nosso estudo apresentavam dislipidemia. Os dados da literatura sobre este assunto são bastante heterogéneos. No GUSTO III, entre 34,4 e 34,8% dos doentes apresentavam hipercolesterolemia; esta taxa foi de cerca de 45% em STEG et al. Num artigo de B. Thebault publicado nos Annales de Cardiologie et d'Angéiologie em 1997, 50% dos doentes com menos de 75 anos apresentavam dislipidemia.

O perfil lipídico habitual dos doentes é frequentemente incompleto, limitando-se aos níveis de colesterol total e de triglicéridos.

Tabela LXXXVIII: Comparação das percentagens de dislipidemia + STEMI na literatura

ESTUDOS	G. STEG et al	B.Thebault	GUSTO III	A nossa série
Dislipidemia	45%	50%	34.8%	37,3%
Referência	[317]	[319]	[268]	-

Estes números testemunham o impacto dos novos hábitos alimentares das nossas populações, que estão a passar por uma verdadeira transição epidemiológica.

C. Topografia do enfarte e estado hemodinâmico :

Na nossa série, o enfarte do miocárdio foi anterior em quase 2/3 dos casos (58,1%).
Em termos hemodinâmicos, 2,3% dos nossos doentes encontravam-se em grau Killip (III+IV) na admissão. O nosso trabalho mostra que a idade maior ou igual a 65 anos, a diabetes e a topografia prévia do enfarte estão significativamente associadas a um pior grau de Killip. Estes dados também foram encontrados no estudo GUSTO-I.

Tabela LXXXIX: Localização anterior do enfarte e grau de killip

ESTUDOS	G. STEG et al	GISSI-2	GUSTO-1	GUSTO III	A nossa série
STEMI Anterior	49.9%	38%	37%	47.7%	58.1%
Killip III+IV		3.6%	13% (K>1)	2.1%	2.3%
Referência	[317]	[264]	[266]	[268]	-

A revisão da literatura mostra dados bastante diferentes; quase 38% de enfartes prévios são registados no GISSI-2 (3,6 a 4,1% dos doentes Killip III+IV), 49,9 a 51,2% para Steg et al, 47,7% no GUSTO -III (2,1% dos doentes Killip III+IV). É de salientar que 37% a 41% dos doentes do GUSTO-1 tinham enfartes prévios e 13% a 17% tinham um grau Killip superior a I.
O estado hemodinâmico durante o enfarte do miocárdio depende muitas vezes da extensão e topografia da necrose, estando hoje bem estabelecido que a localização anterior do enfarte é um determinante da sua morbilidade e mortalidade [320].
Atualmente, existem modelos matemáticos que permitem quantificar os efeitos relativos das diferentes topografias do enfarte do miocárdio, como o GUSTO, que mostra que há 7 anos extra de idade entre as localizações anterior e inferior.

D. Caraterísticas clínicas

2. Prazo de consulta :

O nosso estudo debruçou-se sobre os atrasos de tratamento com o objetivo de identificar os parâmetros envolvidos na génese dos atrasos na consulta e no tratamento, a fim de tentar corrigi-los através do planeamento de intervenções educativas e organizacionais.
No nosso estudo, tal como no GUSTO, os tempos foram divididos em tempos extra-hospitalares e tempos intra-hospitalares. O tempo total representa o tempo decorrido entre o início da dor e o início da trombólise. Os tempos extra-hospitalares incluem o tempo entre o início dos sintomas e a decisão do doente de consultar um médico, mais o tempo entre a decisão de consultar um médico e o primeiro contacto médico (PCM), depois o tempo entre o PCM e a chegada ao hospital. Os atrasos intra-hospitalares incluem os atrasos de diagnóstico (validação do ECG) e depois os atrasos necessários para a decisão de trombólise a partir do momento em que o diagnóstico é validado.
Destas fases, o tempo de decisão é geralmente o principal fator responsável pelo atraso global.
Uma primeira observação em relação à hora de apresentação dos doentes é que a distribuição dos nossos doentes não é homogénea entre o dia e a noite, pois verificamos

que três quartos dos nossos doentes são hospitalizados durante o dia (73,2%) em comparação com (26,8%) durante a noite.
A análise dos factores que influenciam o tempo de decisão em doentes com EAMCST foi avaliada em Itália, na década de 90, num grande estudo multicêntrico caso-controlo de 5.301 doentes em 118 unidades de cuidados coronários para o Survival in Infarction Study (GISSI) [321]. Entre as variáveis dos doentes, a idade avançada, o facto de viverem sozinhos, a baixa intensidade dos sintomas iniciais, a diabetes e o início noturno dos sintomas parecem afetar significativamente o atraso.
Balbaa et al [322] investigaram os factores associados a um atraso maior (>180 min) entre o início dos sintomas e a ICP primária em doentes com EAMCST admitidos em dois centros cardíacos centrais no Egito e no Canadá.
Este estudo observacional incluiu todos os pacientes com STEMI submetidos a ICP primária durante um período de um ano no centro cardíaco terciário em Aswan, Egito (585 pacientes) e no Hamilton General Hospital no Canadá (715 pacientes). No Canadá, não houve diferença entre homens e mulheres no tempo de apresentação ao hospital, enquanto no Egito as mulheres tiveram um atraso maior entre o início dos sintomas e a PCM. Mas a principal diferença entre os dois locais residiu no modo de transporte para o hospital. No Canadá, a maioria dos doentes chegou ao hospital em menos de 20 minutos através do sistema de emergência médica, ao passo que no Egito a maioria dos doentes demorou mais de 40 minutos a chegar ao hospital de táxi ou de transportes públicos.
O tempo médio de consulta no nosso estudo foi de 3,85 horas a partir do início dos sintomas, o que reflecte o facto de os doentes não estarem, em grande parte, conscientes da importância de consultar um médico precocemente em caso de dor torácica prolongada. Este facto pode levar a que os doentes sejam admitidos nos serviços de urgência devido a situações complicadas. Estes dados devem motivar maiores esforços para sensibilizar o público para os possíveis sintomas de enfarte do miocárdio.

3. Sinais clínicos na admissão :

A dor torácica tornou-se uma das principais queixas dos pacientes que procuram os serviços de urgência [323]. Representa um problema médico importante porque é um sinal de alerta de isquémia cardíaca e enfarte, se não de embolia pulmonar, dissecção da aorta, pneumotórax compressivo, tamponamento pericárdico ou rutura do esófago. No entanto, a SCA representa apenas 20-25% dos doentes com dor torácica que se apresentam nos serviços de urgência [324], e apenas 45% dos doentes admitidos numa unidade de dor torácica [325, 26]. Foram reconhecidas várias outras causas de dor torácica, incluindo pneumonia, ansiedade, enxaqueca, doenças músculo-esqueléticas, da pele e gastrointestinais. Nas últimas décadas, vários estudos têm demonstrado uma taxa preocupantemente elevada (entre 2 e 4%) de doentes com SCA não detectada que recebem alta dos serviços de urgência [327, 328]. Infelizmente, os doentes que recebem alta erradamente têm uma mortalidade a curto prazo mais elevada, entre 10% e 25% [327, 328].
Atualmente, os médicos ainda se baseiam na descrição original de Heberden da angina de peito, que ele descreveu como uma sensação de estrangulamento que irradiava pelo braço esquerdo [329].
Posteriormente, a descrição da dor torácica isquémica tem sido progressivamente refinada, tal como descrito nas recomendações do National Heart Attack Alert Program

Coordinating Committee [330], como pressão, aperto ou peso. Pode irradiar para o pescoço, mandíbula, ombros, costas ou um ou ambos os braços. A dor também pode ser descrita como indigestão ou azia acompanhada de náuseas e/ou vómitos.

A sudorese associada à angina típica ou atípica também demonstrou, numa grande coorte de mais de 12.000 pacientes com SCA, ser um bom preditor de enfarte do miocárdio com elevação do segmento ST, em vez de SCA sem elevação do segmento ST, confirmando a sua natureza de "sinal de alerta" para uma rápida avaliação e tratamento de pacientes com dor torácica [331].

Outro fator de confusão é a idade do doente. Embora mais de 80% dos doentes que morrem por doença coronária tenham mais de 65 anos [332], a apresentação clínica da SCA no idoso é ainda mais atípica (até 50%), devido ao número de comorbilidades e queixas associadas [333, 334].

Além disso, foi claramente demonstrado na Europa que os pacientes idosos que sofrem de SCA têm menos elevações do segmento ST e, apesar da sua substancial mortalidade hospitalar, recebem tratamento e investigação menos intensivos [335, 336].

No estudo de Framingham, que representa o maior e mais estudado grupo de doentes da história, verificou-se que até 25% dos doentes apresentavam um enfarte de onda Q nos ECGs anuais de rotina, na ausência de qualquer manifestação clínica prévia, o que constitui um verdadeiro enfarte silencioso [337].

Um estudo de mais de 434 800 doentes incluídos na base de dados do Registo Nacional de Enfarte do Miocárdio 2 (NRMI-2) com um diagnóstico de enfarte do miocárdio revelou que 33% não apresentavam desconforto no peito ou dor no braço, pescoço ou mandíbula na apresentação inicial no hospital. Os doentes com enfarte sem dor torácica eram, em média, sete anos mais velhos e tinham uma maior prevalência de mulheres e de diabetes do que os doentes com dor torácica [338]. Um estudo do Global Registry of Coronary Events (GRACE), realizado em mais de 20 000 doentes com SCA, revelou que 8,4% não apresentavam dor torácica na apresentação e que, em quase um quarto dos casos, o diagnóstico de SCA não foi feito na avaliação inicial. O sintoma mais comum nos doentes sem dor torácica foi a dispneia, seguida de suores, náuseas e síncope. Neste estudo, a ausência de dor torácica foi também mais frequente nos idosos, nas mulheres, nos hipertensos, nos diabéticos e nos doentes com história de insuficiência cardíaca congestiva. Notavelmente, a mortalidade foi muito maior em todos os subgrupos de pacientes sem dor torácica, sendo mais alta em pacientes com síncope [339]. Assim, a ausência de dor torácica parece ser um dos piores preditores de mortalidade.

Na nossa amostra, os critérios de inclusão permitiram selecionar apenas os doentes com uma apresentação típica, ou seja, dor anginosa prolongada com evolução inferior a 12 horas. Os doentes admitidos no serviço de urgência por outros motivos, como choque cardiogénico ou síncope (como acontece nos casos de apresentação tardia) e posteriormente transferidos para outros serviços onde foi diagnosticado o EAMCST, não foram incluídos no nosso estudo.

E. Apoio :

A intervenção coronária percutânea primária (ou angioplastia) é atualmente a opção de reperfusão preferida para o enfarte com elevação do segmento ST.

O atraso do balão refere-se ao intervalo de tempo entre a chegada de um doente com STEMI ao hospital e o momento da insuflação do balão (ou implantação do stent) que reabre a artéria ou artérias ocluídas. Faz parte do intervalo de tempo total entre o início da oclusão e a reabertura da(s) artéria(s) bloqueada(s) (este intervalo de tempo é habitualmente referido como tempo isquémico total (TIT)). A redução deste tempo encurta o ITT e é, por isso, considerada uma estratégia importante para obter melhores resultados para os doentes. A ideia da sua importância foi inicialmente sugerida pela teoria da artéria aberta [340], desenvolvida a partir de experiências em animais [341] e apoiada por estudos angiográficos em humanos [342]. Com base nessas evidências, as atuais diretrizes de prática [140] recomendam uma meta de 90 minutos para o retardo do uso do balão como uma estratégia para alcançar uma reperfusão de alta qualidade. Seguindo essa recomendação, recursos significativos foram investidos na redução desse tempo nos sistemas de saúde em todo o mundo nas últimas décadas. A D2B Door-to-balloon Alliance, concebida em 2006 pelo American College of Cardiology, é talvez o exemplo mais conhecido.

Quando a angioplastia não pode ser realizada dentro do prazo recomendado (quer devido à ausência de um laboratório de cateterismo, indisponibilidade de equipas ou atrasos na transferência), o médico de emergência deve considerar iniciar uma terapia fibrinolítica imediata. Foi demonstrado que a administração de fibrinolíticos nas primeiras 2 horas após o início dos sintomas pode reduzir a mortalidade em até 48% [125].

Gersh et al [343] sugeriram que a relação entre atraso no tratamento, mortalidade e salvamento do miocárdio pode ser representada por uma curva, com o maior benefício e sensibilidade ao atraso residindo durante um período crítico inicial das primeiras 2-3 horas após o início dos sintomas.

A terapia fibrinolítica é mais amplamente disponível do que a ICP e não requer um cardiologista intervencionista ou uma sala de cateterismo para administração. A rápida restauração da patência reduz o tamanho do enfarte, minimiza a extensão do dano miocárdico, preserva a função ventricular esquerda e reduz a morbilidade [344].

Uma vez que o tempo de reperfusão desempenha um papel fundamental na melhoria dos resultados dos doentes, vários estudos têm avaliado a exequibilidade e eficácia do início da terapêutica fibrinolítica antes da chegada do doente ao hospital. O diagnóstico de EAMCST através de ECG de 12 derivações pelos serviços de emergência médica tem permitido iniciar a reperfusão farmacológica durante o transporte para o hospital. Os dados clínicos recolhidos até à data são promissores, mas são necessários mais estudos. Uma meta-análise de dados de estudos de fibrinólise pré-hospitalar demonstrou uma redução relativa de 17% nas taxas de mortalidade com a fibrinólise pré-hospitalar em comparação com a fibrinólise intra-hospitalar [345].

A associação entre o atraso na PCE e a mortalidade, bem como o desenvolvimento de insuficiência cardíaca, foi abordada de forma mais clara por Therkelsen et al [346]. Eles mostraram que, para cada hora de atraso entre o início dos sintomas e o recebimento do tratamento, o risco de morte e o risco de insuficiência cardíaca aumentaram em 10% durante um acompanhamento de três anos [347].

F. Próximas etapas :

1. Complicações :

A complicação mais comum é o **choque cardiogénico**, que afecta cerca de 10% dos doentes com EAMCST e está associado a um elevado risco de mortalidade intra-hospitalar, geralmente superior a 40% [348].

A etiologia mais comum do choque cardiogénico é a disfunção grave do ventrículo esquerdo (VE), mas 10-20% dos casos são secundários a complicações mecânicas ou enfarte do ventrículo direito [349]. Os doentes com choque cardiogénico que complicam o EAMCST têm maior probabilidade de serem idosos, de terem tido um AVC prévio ou um ataque isquémico transitório, de terem um enfarte prévio ou uma paragem cardíaca na admissão [350].
Com base nos resultados do exame físico, biomarcadores e hemodinâmica**, os doentes com EAMCST e choque cardiogénico podem ser classificados em cinco estádios, de acordo com a classificação de choque da "Society for Cardiovascular Angiography & Intervention"** (SCAI)**: Estágio A**, em risco (inclui todos os pacientes com STEMI); **Estágio B**, choque cardiogénico precoce (instabilidade hemodinâmica ou pré-choque); **Estágio C**, choque cardiogénico clássico; **Estágio D**, deterioração; e **Estágio E**, extremo [351]. O sistema de classificação do SCAI foi validado na unidade de terapia intensiva cardíaca da Mayo Clinic, onde foi observado um aumento progressivo da mortalidade hospitalar para cada estágio do choque SCAI [352].
Em doentes com EAMCST e choque cardiogénico devem ser cuidadosamente ponderadas três intervenções terapêuticas, preferencialmente no âmbito de uma equipa multidisciplinar: revascularização (fibrinólise/angioplastia/PAC), tratamento médico (fármacos vasoactivos/inotrópicos) e/ou suporte circulatório mecânico.
Para pacientes com enfarte agudo do miocárdio e choque cardiogénico, a revascularização urgente é o padrão de tratamento [353].
As orientações da prática clínica recomendam uma estratégia invasiva precoce com revascularização adequada para todos os doentes que apresentem choque cardiogénico após enfarte [354], a menos que se trate de um caso de choque cardiogénico refratário e instabilidade clínica que justifique assistência mecânica imediata.
Os resultados que encontrámos no nosso estudo parecem ser consistentes com os dados da literatura.
Os doentes que morreram na nossa amostra eram, em média, 6 anos mais velhos (idade média de 63,5 anos contra 57,44 anos) e incluíam uma maior proporção de mulheres (16,66% contra 4,85% de homens).
Os doentes que morreram tinham também uma maior história de diabetes, tempos de isquémia mais longos, trombólise sem sucesso e choque cardiogénico.
A nossa taxa de mortalidade foi de 6,78% nos doentes selecionados, o que parece ser superior aos resultados de ensaios aleatórios recentes. Este facto pode ser explicado pela não seleção de doentes que se apresentam na urgência com situações complicadas (choque cardiogénico, paragem cardíaca) ou que chegam tarde.
O choque cardiogénico foi a principal causa de morte na fase aguda após EAMCST. Parece sensato prestar mais atenção às estratégias de prevenção desta complicação, o que pode ser melhor conseguido através da redução do tempo isquémico total. A redução do tempo entre o início dos sintomas e o tratamento tem se mostrado crucial na redução da incidência de morte após IAMCSST [355].
No nosso estudo, o tempo de dor-trombólise para pacientes com IAMCST melhorou após a instalação da nossa rede, mas acreditamos que a redução do tempo pré-hospitalar oferece a maior oportunidade de melhorar o prognóstico após o IAMCST, e merece maior atenção e alocação de recursos.
A melhoria da sobrevivência após um STEMI pode ainda beneficiar de várias estratégias

que podem incluir a educação pública para uma apresentação precoce, programas de reabilitação cardíaca e monitorização contínua para encorajar um estilo de vida saudável e uma gestão médica óptima.

2. Mortalidade :

Podemos concluir que os nossos doentes que faleceram eram mais velhos, admitidos tardiamente e estavam numa situação hemodinâmica mais grave (trombolisados em choque) quando foram hospitalizados.

Também é importante notar que a taxa de mortalidade dos pacientes com IAMCSST é maior nas mulheres, como encontrado por Otten et al [356] em um estudo de 6746 pacientes com IAMCSST tratados com angioplastia primária.

Para explicar esta disparidade, M. G. van der Meer et al [357] efectuaram uma revisão sistemática das diferenças de género nos doentes com EAMCST, incluindo 21 estudos que avaliaram as diferenças entre homens e mulheres nas caraterísticas de base e nos resultados a curto e longo prazo, tendo ficado claro que, em geral, as mulheres eram mais velhas e sofriam mais frequentemente de diabetes e hipertensão. De forma notável, as mulheres tinham um atraso maior entre o início dos sintomas e a prestação de cuidados do que os homens. Aparentemente, as mulheres tendem a atrasar mais a procura de cuidados médicos do que os homens, confirmando relatórios anteriores [358, 359].

De facto, a mortalidade é mais elevada nas mulheres devido ao seu perfil de risco de base desfavorável; é muito importante que os médicos reconheçam esta diferença e optimizem as suas estratégias de tratamento e prevenção. Isto poderia conduzir a menos doença e a um melhor resultado, uma vez que as doenças cardiovasculares continuam a ser a principal causa de morte nas mulheres.

CAPÍTULO IV

CONCLUSÃO E PERSPECTIVAS

I. Conclusão :

O nosso trabalho demonstrou claramente que a criação de uma rede de trombólise no Serviço de Urgência de Mostaganem, através da identificação e formação dos vários intervenientes neste circuito, é uma forma altamente eficaz de melhorar a gestão dos doentes com síndrome coronário agudo com supradesnivelamento do segmento ST, quer pela redução dos vários atrasos no diagnóstico, quer pelo início do tratamento, permitindo uma rápida reperfusão com vigilância médica mais precoce e conduzindo a uma redução da morbilidade e mortalidade deste grave problema de saúde pública.

O tratamento do enfarte do miocárdio com supradesnivelamento do segmento ST (STEMI) é uma corrida contra o tempo, uma vez que a lesão das células do miocárdio pode ocorrer após 20 a 30 minutos de isquémia.

Reduzir o tempo de tratamento e maximizar o salvamento do miocárdio de acordo com o mantra de que "tempo é músculo" representa um desafio logístico.

Desde a instalação da nossa rede de trombólise no serviço de urgência de Mostaganem, o tempo de trombólise tem sido uma excelente medida de desempenho em termos de qualidade dos cuidados, com o objetivo de acelerar a chegada dos doentes à sala de trombólise.

No entanto, existem atualmente várias dificuldades que podem dificultar o tratamento rápido dos doentes com EAMCST e piorar o seu prognóstico, nomeadamente a inadequação dos transportes médicos, a falta de médicos e de equipamento nas ambulâncias, a falta de uma infraestrutura informática que permita a transmissão de informações e a comunicação entre os médicos de urgência e as equipas paramédicas, a fim de acelerar a ativação das salas de cateterismo, e a escassez de centros capazes de realizar angioplastias primárias. A maioria dos hospitais argelinos com capacidade para efetuar angioplastias não dispõe de equipas imediatamente disponíveis no local fora do horário de trabalho e, neste contexto, a chegada dos membros da equipa de cardiologia de intervenção é atrasada. Consequentemente, os doentes com STEMI que se apresentam fora do horário de expediente são geralmente triados para aguardar nas urgências até que a equipa de cateterismo chegue e esteja pronta para os receber.

Recentemente, têm sido implementadas cada vez mais estratégias nos Estados Unidos e na Europa Ocidental para minimizar os tempos de tratamento do STEMI, incluindo o diagnóstico por interpretação do ECG no ambiente pré-hospitalar, contornando os hospitais que não dispõem de uma sala de cateterismo cardíaco, ativação prévia das salas de cateterismo por chamada telefónica do médico de urgência e mesmo contornando o departamento de urgência.

Para melhorar a qualidade dos cuidados e reduzir os atrasos no tratamento adequado, o diagnóstico do EAMCST deve ser feito precocemente, pelo que as recomendações europeias actualizadas em 2022 sublinham que as equipas de emergência médica são responsáveis pelo diagnóstico precoce, triagem, transporte e tratamento dos doentes com qualquer SCA, incluindo o EAMCST [360, 361].

Apesar desta procura constante de redução dos tempos de tratamento, não podemos esquecer a importância de reduzir o tempo entre o início dos sintomas e o primeiro contacto médico, que é crucial para reduzir o tempo total de isquémia e melhorar os resultados terapêuticos. É também tempo de pensar no desenvolvimento de sistemas que cuidem dos doentes desde o início dos sintomas até ao seu regresso à vida normal.

II. Perspectivas futuras :

O tratamento eficaz dos doentes com STEMI requer equipamento e competências adequadas por parte das ambulâncias. Todas as ambulâncias do sistema de emergência médica devem estar equipadas com equipamento de registo de electrocardiogramas (ECG), desfibrilhadores e pelo menos uma pessoa com formação em reanimação. Todo o pessoal da ambulância deve ser treinado para reconhecer os sintomas clínicos do enfarte do miocárdio, para registar e transmitir o ECG, para administrar oxigénio, se necessário, para aliviar a dor e para prestar cuidados básicos de reanimação [362, 363] .

Esta estratégia tem como objetivo reduzir o tempo de tratamento, levando a uma redução da mortalidade nos doentes com EAMCST. Permite a ativação imediata da equipa de intervenção e o transporte direto dos doentes triados para uma estratégia de ICP primária para o laboratório de cateterismo, contornando o serviço de urgência [362, 363].

A teleconsulta é uma grande ajuda neste domínio, permitindo a transmissão do ECG efectuado no terreno para possível interpretação à distância por um médico qualificado, bem como a transmissão dos dados clínicos do doente para o centro de destino [362-364].

Para além do diagnóstico preliminar e dos aspectos logísticos, a teleconsulta deve ser utilizada para coordenar o tratamento pré-hospitalar, nomeadamente no que diz respeito à terapêutica antiplaquetária e anticoagulante.

A experiência europeia pode servir de exemplo para melhorar estes serviços, tendo sido adquirida a estratégia de contornar o serviço de urgência em doentes com STEMI identificados por ECG pré-hospitalar para otimizar a reperfusão rápida.

Esta abordagem provou ser eficaz, com uma redução de 20 minutos no tempo médio entre o primeiro contacto médico e o balão para os doentes que contornam as urgências e vão diretamente para a sala de cateterismo cardíaco.

Apesar das diferenças entre os nossos sistemas de saúde, este objetivo pode ser alcançado nos próximos anos através da implementação de uma série de medidas, incluindo a integração dos serviços de transporte médico no sistema nacional de saúde, o equipamento das ambulâncias com o equipamento necessário para o diagnóstico e tratamento inicial do STEMI, a formação de pessoal paramédico na gestão pré-hospitalar de situações de risco de vida, a existência de uma infraestrutura informática robusta que permita a transmissão digital de ECGs pré-hospitalares e a criação de uma rede STEMI com centros de cateterismo cardíaco 24 horas por dia.

Prevê-se que mais de 70% dos casos de STEMI ocorram em países em desenvolvimento nos próximos dez anos (428). Esta estimativa realça a necessidade urgente de fomentar um sistema eficaz para promover e desenvolver recomendações de revascularização baseadas na evidência e iniciativas educacionais para estes países.

Os dados do nosso estudo, que avaliam a diferença entre a prática quotidiana e as recomendações, podem ser utilizados como base para a afetação de mais recursos humanos e logísticos para fazer face a este verdadeiro problema de saúde pública e aumentar a adesão a uma terapêutica de qualidade.

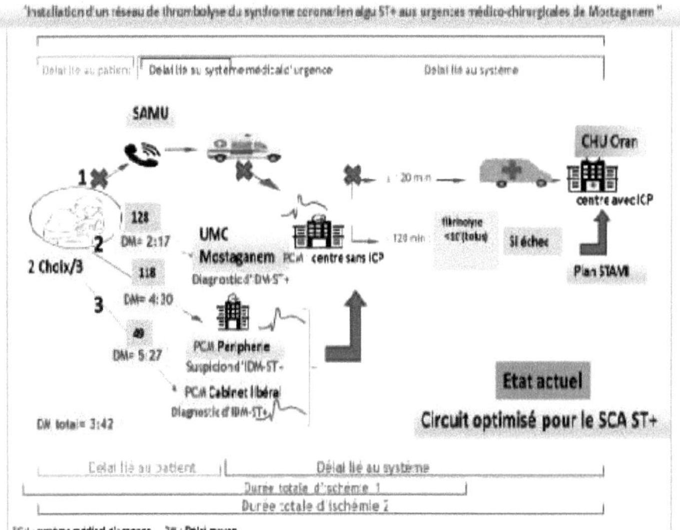

Figura 74: Atual circuito optimizado de doentes com STEMI no Hospital Universitário de Mostaganem

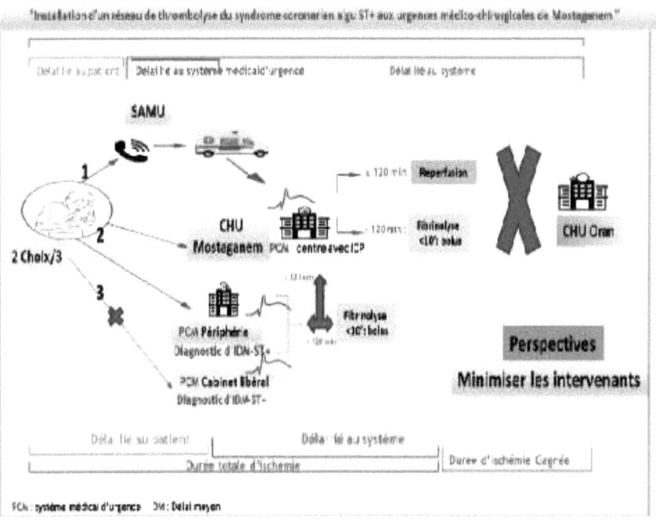

Figura 75: Percurso do doente com STEMI no Hospital Universitário de Mostaganem

III. Declaração de interesse :

Não há conflito de interesses.

Referências

[1] . Organização Mundial de Saúde - as 10 principais causas de morte no mundo; fichas informativas; janeiro de 2017.

[2] . Cardiovascular disease in europe 2014: epidemiological update m. nichols n. townsend p. scarborough m. rayner ***european heart journal***, volume 35, número 42, 7 de novembro de 2014, páginas 2950-2959

[3] . Projeto Tahina. Análise das causas de morte na Argélia 2002.

[4] . Organização Mundial de Saúde - perfis nacionais de doenças não transmissíveis (ncd), 2014.

[5] . Organização Mundial de Saúde - perfis nacionais de doenças não transmissíveis (ncd), 2018.

[6] . Tratamento da síndrome coronária aguda st + na argélia: dr benoui - pr daymellah univ. bejaia.

[7] . Haute autorité de santé - Gestão do enfarte agudo do miocárdio fora dos serviços de cardiologia.

[8] . Libby p, pasterkamp g, crea f, jang ik. reassessing the mechanisms of acute coronary syndromes. circ res. 4 Jan 2019;124(1):150-60.

[9] . Trombólise: passado, presente e futuro d. gray postgrad med j 2006 82 372-375

[10] Giral P. Ateroma: anatomia patológica, fisiopatologia, epidemiologia e factores de risco, prevenção. rev prat. 1998 ; 48 : 99-106.

[11] Cohen a. cardiologie et pathologie vasculaire. paris: estem, 1997.

[12] Akoudad h, benamer h. physiopathologie et étiopathogénie de l'infarctus du myocarde. emc-cardiologie angéiologie. 2004;1:49-67.

[13] (Santé publique france. Cardiovascular diseases. março de 2016).

[14] (Sociedade internacional conjunta e federação de cardiologia; nomenclatura da organização mundial de saúde e critérios para o diagnóstico de doença cardíaca isquémica. relatório da sociedade internacional conjunta e da federação de cardiologia/organização mundial de saúde grupo de trabalho sobre a normalização da nomenclatura clínica. circulação. 1979 mar;59(3):607-9.).

[15] (Sociedade europeia de cardiologia; comité do colégio americano de cardiologia. enfarte do miocárdio redefinido - um documento de consenso do comité conjunto da sociedade europeia de cardiologia/colégio americano de cardiologia para a redefinição do enfarte do miocárdio. eur heart j. 2000 sep; 21(18):1502-13).

[16] (Drake rl, vogl aw, mitchell awm. gray's anatomy for students. 2ª edição. paris: elsevier; 2010).

[17] Os fundamentos da patologia cardiovascular ensino integrado - sistema cardiovascular. elsevier masson. 2014. p.24-25. isbn: 9782294721137).

[18] (Collège national des enseignants de cardiologie; société française de cardiologie. les fondamentaux de la pathologie cardiovasculaire enseignement intégré - système cardiovasculaire. elsevier masson. 2014. p.24-25. isbn: 9782294721137).

[19] (Drake rl, vogl aw, mitchell awm. gray's anatomy for students. 2ª edição. paris: elsevier; 2010).

[20] (Collège national des enseignants de cardiologie; société française de cardiologie. atheroma: epidemiology and pathophysiology. the polyatheromatous patient. cardiology. second edition. elsevier masson. 2015.

[20]Bauters c. Physiopathology of atherosclerosis. disponível em http://www.pifo.uvsq.fr/hebergement/cec_mv/128b.pdf):
[21](Duriez p. mécanismes de formation de la plaque d'athérome. rev med inter 2004;25suppl1:s3-6)
[22](Aterosclerose: prevenção dos riscos vasculares. Disponível em https://cprv.pagesperso-orange.fr/atherome)
[23](Santré c. acute coronary syndromes. fevereiro de 2002. disponível em http://reaannecy.free.fr/documents/cardiologie/syndromes_coronariens_aigus.htm).
[24]-**Stanley wc et al.**regulação do metabolismo dos hidratos de carbono no miocárdio em condições normais e isquémicas . cardiovasc res.1997; 33:243-57.
[25]-**Liu et al.** circ res. 1996 ; 79 :940-8.
[26]-**Deutsch e; berger m; kusmaull wg et al.**adaption to ischemia during percutaneous transluminal coronary angioplasty. clinical hemodynamic and metabolic features. circulation 1990; 82:2044-51.
[27]-**Ovize m; henry p; rioufol g; minaire y.** le préconditionnement ischémique: conceito de proteção endógena do miocárdio. arch mal creur 1995 ;88 : 869-77.
[28]-**St John sutton mg; sharp n.** left ventricular remodeling after myocardial infarction.pathophysiology and therapy. circulation2000;101:2981-2988.
[29]- **Anversa p; olivetti g; capasso j.**cellular basis of ventricular remodeling after myocardial infarction. am j cardiol 1991;68:7-16.
[30]-**Bonnefoy e, grollier g, fradin s, scanu p, tessier p, valette b, foucault jp, potier jc.** critères précoces, cliniques, électrocardiographiques, et biologiques de reperfusion après fibrinolyse intraveineuse à la phase aiguê de l'infractus du myocarde. arch mal creur 1993; 86: 857- 63.
[31]-**Boli r, marban e.** molecular and cellular mechanisms of myocardial stunning. physiol rev 1999; 79:609-634.
[32]-**Braunwald e; kloner ra.** the stunned myocardium: prolonged post ischemic ventricular dysfunction. circulation 1982; 66:1146-9.
[33]-**Rahimtoola sh.**from coronary artery disease to heart failure: role of the hibernating myocardium. am j cardiol 1995;75:16e-22e.
[34]. Hammer a. ein fall von thrombotischem verschlusse einer der kranzarterien des herzens. wien med wschr. 1878;28:97-102.
[35]. Obraztzow vp, straschesko nd. zur kenntnis der thrombose der koronararterien des herzens. z klin med. 1910;71:116-132.
[36]. Herrick jb. clinical features of sudden obstruction of the coronary arteries. jama.1912;59:2015-2022.
[37]Herrick jb. clinical features of sudden obstruction of the coronary arteries. *jama*, 1912; 59: 2 015-2 020].
[38]- **Organização Mundial de Saúde:** nomenclatura e critérios para o diagnóstico da doença isquémica do coração. relatório da task force conjunta da sociedade internacional e da federação de cardiologia/organização mundial do coração sobre a normalização da nomenclatura clínica. circulação 1979; 59: 607-609.
[39]. Nomenclatura e critérios para o diagnóstico da doença cardíaca isquémica. relatório da task force conjunta da sociedade internacional e da federação de cardiologia/organização mundial de saúde sobre a normalização da nomenclatura clínica. circulação 1979; 59: 607-9.

[40] (**The joint european society of cardiology/ american college of cardiology committee** . myocardial infarction redefined- a consensus document of the joint european society of cardiology/ american college of cardiology committee for the redefinition of myocardial infarction . eur heart j 2000;21(18):1502-1513).

[41] Redefinição do enfarte do miocárdio - um documento de consenso do comité conjunto da sociedade europeia de cardiologia e da faculdade americana de cardiologia para a redefinição do enfarte do miocárdio. eur heart j 2000; 21: 1502-13)

[42] (Thygesen k, alpert js, white hd; joint esc/acc/aha/whf task force for the redefinition of myocardial infarction. universal definition of myocardial infarction. eur heart j. 2007;28:2525-2538; circulation. 2007;116:2634-2653; j am coll cardiol. 2007;50:2173-2195.).

[43] . (The joint european society of cardiology/american college of cardiology committee. myocardial infarction redefined-a consensus document of the joint european society of cardiology/american college of cardiology committee for the redefinition of myocardial infarction. eur heart j. 2000;21:1502-1513; j am coll cardiol. 2000;36:959- 969).

[44] . (Thygesen, k. et al. fourth universal definition of myocardial infarction).

[45] . Sandoval y, thygesen k. enfarte do miocárdio tipo 2 e lesão do miocárdio. clin chem. 2017;63:101-107.

[46] . Williams rr, hunt sc, heiss g, province ma, bensen jt, higgins m, et al. usefulness of cardiovascular family history data for population-based preventive medicine and medical research (the health family tree study and the nhlbi family heart study). am j cardiol.2001;87(2):129-35.

[47] . (Organização Mundial de Saúde. tabaco. factos-chave. disponível em: https://www.who.int/fr/news-room/fact-sheets/detail/tobacco)

[48] . (Ambrose ja, barua rs. the pathophysiology of cigarette smoking and cardiovascular disease. j am
coll cardiol. 2004;43(10):1731-1737).

[49] . (Collège national des enseignants de cardiologie et de la société française de cardiologie. cardiologie. elsevier masson s.a.s. 470694 - (i) - (3) - csb80 - noc. 2010).

[50] . A Organização Mundial de Saúde está a apelar aos países para que reduzam o consumo de açúcar por adultos e crianças.
em:https://www.who.int/mediacentre/news/releases/2015/sugar-guideline/fr/

[51] Organização Mundial de Saúde. reduzir o consumo de sal. factos essenciais. junho de 2016 disponível em : http://www.who.int/fr/news- room/fact-sheets/detail/salt- reduction

[52] . Ministère de la santé, de la population et de la réforme hospitalière ; organisation mondiale de la santé. mesure des facteurs de risque des maladies non transmissibles dans deux wilayas pilotes en algérie (approche step "wise" de l'oms). rapport final 2005.

[53] . Organização Mundial de Saúde. Estratégia Global sobre Dieta, Atividade Física e Saúde. disponível em http://www.who.int/dietphysicalactivity/pa/fr/

[54] Organização Mundial de Saúde. temas de saúde, obesidade. disponível em https://www.who.int/topics/obesity/fr/

[55] .Bodenant m, kuulasmaa k, wagner a, kee f, palmieri l, ferrario mm, et al; morgam project. measures of abdominal adiposity and the risk of stroke: the monica risk, genetics, archiving and monograph (morgam) study. stroke. 2011 oct;42(10):2872-7.

[56] Von känel r, mills pj, fainman c, dimsdale je. effects of psychological stress and psychiatric disorders on blood coagulation and fibrinolysis: a biobehavioral pathway to

coronary artery disease? psychosom med. 2001 jul- ago;63(4):531-44.
[57] Fédération française de cardiologie. creur et stress. combattre le stresspour réduire le risque cardiovasculaire. paris. disponível em : www.fedecardio.com
[58].Domínguez f, fuster v, fernández-alvira jm, fernández-friera l, lópez-melgar b, blanco-rojo r, et al. association of sleep duration and quality with subclinical atherosclerosis. j am coll cardiol. 2019 jan 22;73(2):134-144.
[59].Jones rt. cardiovascular system effects of marijuana. j clin pharmacol 2002;42(suppl 11):58-63.
[60] Mittleman ma, lewis ra, maclure m, sherwood jb, muller je. triggering myocardial infarction by marijuana. circulation 2001; 103:2805-9.
[61] Agence française de sécurité sanitaire des produits de santé. prise en charge thérapeutique du patient dyslipidémique. recommandations. saint- denis: afssaps; 2005.
[62] Yadav as, bhagwat vr. lipid profile pattern in anginal syndrome patients from marathwada region of maharashtra state. journal of medical education & research. 2012;2(2):12-15.
[63] Lecoffre c, perrine al, blacher j, olié v. cholestérol ldl chez les adultes en france métropolitaine : concentration moyenne, connaissance et traitement en 2015, évolutions depuis 2006. bull epidémiol hebd. 2018; (37):710-8.
[64] Agmon y, khandheria bk, meissner i, schwartz gl, petterson tm, o'fallon wm, gentile f, whisnant jp, wiebers do, seward jb. independent association of high blood pressure and aortic atherosclerosis: a population- based study. circulation. 2000 oct 24; 102(17):2087-93.
[65] Sen S, oppenheimer sm, lima j, cohen b. risk factors for progression of aortic atheroma in stroke and transient ischemic attack patients. stroke. 2002 apr;33(4):930-5.
[66].Milouchi s, ajmi h, sghaier a, khorchani a, ferjani s. management of acute coronary syndrome with st segment elevation in medenine regional hospital. a propos de 150 cas. cardiologie tunisienne.2eme trimestre 2017; 13(02) :93-100.
[67].Zouzou h. determinação da frequência e estudo dos factores preditivos dos distúrbios do ritmo e da condução durante a síndrome coronária aguda com elevação do segmento st durante a fase hospitalar [tese]. alger: université d'alger 1; 2016.
[68] Charfeddine s, ellouze t, abid l, hammami r, hamza c, maalej a, et al. management of myocardial infarction with persistent st segment elevation: prospective study about 215 patients. cardiologie tunisienne. 4º trimestre de 2017; 13(04):11-18.
[69] Passeron j. guide pratique des facteurs de risque cardio-vasculaire. paris: mmi éditions, 2000, 248 p.
[70] Organização Mundial de Saúde. Utilização da hemoglobina glicada (hba1c) no diagnóstico da diabetes mellitus , 2011 : http://www.who.int/diabetes/publications/diagnosis_diabetes2011/en/
[71].associação americana de diabetes. classificação e diagnóstico de diabetes: padrões de cuidados médicos em diabetes. 2018 diabetes care. 2018;41(suppl. 1):s13-s27
[72] Norhammar a, tenerz a, nilsson g, hamsten a, efendíc s, rydén l, et al. glucose metabolism in patients with acute myocardial infarction and no previous diagnosis of diabetes mellitus: a prospective study.lancet. 2002 jun22; 359(9324):2140-4.
[73].Xavier g. la prévention des maladies cardiovasculaires. adsp. juin 2004; 47: 47.
[74] Vergès b, zeller m, dentan g, beer jc, laurent y, janin-manificat l, et al. impact of fasting glycemia on short-term prognosis after acute myocardial infarction. j clin

endocrinol metab. 2007 jun;92(6):2136-40.
[75] Lee wl, cheung am, cape d, zinman b. impact of diabetes on coronary artery disease in women and men: a meta-analysis of prospective studies. diabetes care. 2000 jul;23(7):962-8.
[76] Eckel rh, grundy sm, zimmet pz. the metabolic syndrome. lancet.2005; 365: 141528.
[77] Shin ja, lee jh, lim sy, ha hs, kwon hs, park ym, et al. metabolic syndrome as a predictor of type 2 diabetes, and its clinical interpretations and usefulness. j diabetes investig. 2013 jul 8;4(4):334-43.
[78] International diabetes federation,. professores sir george alberti e paul zimmet. the idf consensus worldwide definition of the metabolic syndrome. 2006.
[79] Isomaa b, almgren p, tuomi t, forsén b, lahti k, nissén m, et al. cardiovascular morbidity and mortality associated with the metabolic syndrome. diabetes care. 2001 apr; 24(4):683-9.
[80] Stengel b, billon s, van dijk pcw, jager kj, dekker fw, simpson k, et al. trends in the incidence of renal replacement therapy for end-stage renal disease in europe, 1990-1999. nephrol dial transplant. 2003;18:1824-33.
[81] Sistema de dados renais dos EUA: usrds. relatório anual de dados. bethesda, mdm institutos nacionais de saúde, instituto nacional de diabetes e doenças digestivas e renais. 2003.
[82] .J, selvin e, stevens la, manzi j, kusek jw, eggers p, et al. prevalência de doença renal crónica nos estados unidos. jama 2007;298:2038-47.
[83] Fesler p, ribstein j. Comprometimento moderado da função renal e risco cardiovascular. rev med interne. 2009;30:585-91.
[84] .Go a, chertow g, fan d, mcculloch ce, hsu cy. chronic kidney disease and the risks of death, cardiovascular events, and hospitalization. n englj med.2004;351:1296-305.
[85] Organização Mundial de Saúde. Relatório sobre a saúde no mundo 2014. Genebra: OMS. 2014
[86] Organização Mundial de Saúde. doenças cardiovasculares. disponível em : http://www.who.int/mediacentre/factsheets/fs317/fr.
[87] Organização Mundial de Saúde. 10 principais causas de morte. disponível em : http://www.who.int/mediacentre/factsheets/fs310/fr/ atualizado a 24 de maio de 2018.
[88] Nichols m, townsend n, scarborough p, et al. cardiovascular disease in europe 2014: epidemiological update. eur heart j 2014;35:2950-9.
[89] .Tunstall-pedoe h, kuulasmaa k, mähönen m, tolonen h, ruokokoski e, amouyel p. contribution of trends in survival and coronary-event rates to changes in coronary heart disease mortality: 10-year results from 37 who monica project populations. monitoring trends and determinants in cardiovascular disease. lancet.1999; 353(9164): 1547-1557.
[90] Gabet a, lamarche vadel a, chin f, olie v. disparités régionales de la mortalité prématurée par maladie cardiovasculaire en france (2008-2010) et évolutions depuis 2000-2002. bulletin épidémiologique hebdomadaire, 2014; 26:430-438
[91] Ministère de la santé, de la population et de la réforme hospitalière, institut national de santé publique. analyse des causes de décès, année 2002. projet tahina. novembre 2008.
[92] Institut national de santé publique, service des causes médicales des décès. problématique du certificat médical de décès en algérie. jornada de informação sobre o certificado médico de óbito 2017.
[93] .Bruno p, régis b, francois c et al .educação terapêutica na doença coronária:

documento de posição do grupo de trabalho do exercício, reabilitação e desporto (gers) e da comissão de educação terapêutica da sociedade francesa de cardiologia. archives of cardiovascular disease.2013; 106 :680- 89.

[94].Zouzou h. determinação da frequência e estudo dos factores preditivos dos distúrbios do ritmo e da condução durante a síndrome coronária aguda com elevação do segmento st durante a fase hospitalar [tese]. alger: université d'alger 1; 2016.

[95] Baudin b, cohen a, berthelot-garcias e, meuleman c, dufaitre g, ederhy s, et al. dados epidemiológicos sobre as doenças cardiovasculares e gestão dos eventos cardiovasculares. rev fr labo. 2009;39(409):27-39.

[96] Steg pg, goldberg rj, gore jm. baseline characteristics, management practices, and inhospital outcomes of patients hospitalized with acute coronary syndromes in the global registry of acute coronary events (grace). acc current j review. 2002;11(6):16-7.

[97] Gach o, el husseini z, lancellotti p. acute coronary syndrome. rev med liege. 2018;73(5-6):243-50.

[98] N'guetta r, yao h, ekou a, n'cho-mottoh mp, angoran i, tano m, et al. prevalência e caraterísticas das síndromes coronárias agudas numa população da África subsariana. ann cardiol angéiol. 2016;65(2):59-63.

[99] Hunziker p, pfisterer m, marsch s. acute coronary syndrome: diagnosis and risk stratification. forum med suisse. 2003;(25):580-4.

[100] Grech ed. pathophysiology and investigation of coronary artery disease. bmj 2003;326:1027-30.

[101] .wagner gs, macfarlane p, wellens h, et al. aha/accf/hrs recommendations for the standardization and interpretation of the electrocardiogram: part vi: acute ischemia/infarction: a scientific statement from the american heart association electrocardiography and arrhythmias committee. council on clinical cardiology; the american college of cardiology foun- dation; and the heart rhythm society: endorsed by the international society for computerized electrocardiology. cir- culation 2009;119:e262-70.

[102] Sgarbossa eb, pinski sl, barbagelata a, et al. electrocardio- graphic diagnosis of evolving acute myocardial infarction in the presence of left bundle-branch block. global utilization of streptokinase and tissue plasminogen activator for occlu- ded coronary arteries investigators (gusto-1). n engl j med 1996;334:481-7.

[103] Sgarbossa eb, pinski sl, gates kb, wagner gs. diagnóstico eletrocardiográfico precoce do infarto agudo do miocárdio na presença de ritmo de estimulação ventricular. gusto-i investigators. am j cardiol 1996;77:423-4.

[104] Das mk, khan b, jacob s, kumar a, mahenthiran j. signi- ficance of a fragmented qrs complex versus a q wave in patients with coronary artery disease. circulation 2006;113: 2495-501.

[105] .de winter rj, verouden nj, wellens hj, wilde aa. a new ecg sign of proximal lad oclusion. n engl j med 2008;359: 2071-3.

[106] .antman em, cohen m, bernink pj, et al. the timi risk score for unstable angina/non-st elevation mi: a method for prognostication and therapeutic decisionmaking. jama 2000;284:835-42.

[107] .Bassand jp, hamm cw, ardissino d, et al. guidelines for the diagnosis and treatment of non-st-segment elevation acute coronary syndromes. eur heart j 2007;28:1598-660.

[108] Eagle ka, lim mj, dabbous oh, et al. a validated prediction model for all forms of acute coronary syndrome: estimating the risk of 6-month postdischarge death in an international registry. jama 2004;291:2727-33.

[109] Cannon cp, weintraub ws, demopoulos la, et al. comparison of early invasive and conservative strategies in patients with uns- table coronary syndromes treated with the glycoprotein iib/iiia inhibitor tirofiban. n engl j med 2001;344:1879-87.

[110] Mehta sr, granger cb, boden we, et al. early versus delayed invasive intervention in acute coronary syndromes. n engl j med 2009;360:2165-75.

[111] Abou tam j, buffet p, lorgis l, zeller m, gonzalez s, F'huillier i, et al. risk stratification scores and acute coronary syndromes. annales de cardiologie et d "angéiologie. august 2005;54(4):157- 60.

[112] .autores/membros da task force, hamm cw, bassand j-p, agewall s, bax j, boersma e, et al. esc guidelines for the management of acute coronary syndromes in patients presenting without persistent st-segment elevation: the task force for the management of acute coronary syndromes (acs) in patients presenting without persistent st-segment elevation of the european society of cardiology (esc). european heart journal. 26 de agosto de 2011;32(23):2999- 3054.

[113] .Morrow da, antman em, charlesworth a, cairns r, murphy sa, lemos ja de, et al. timi risk score for st-elevation myocardial infarction: a convenient, bedside, clinical score for risk assessment at presentation : an intravenous npa for treatment of infarcting myocardium early ii trial substudy. circulation. 24 oct 2000;102(17):2031- 7.

[114] .Ibanez b, james s, agewall s, antunes mj, bucciarelli-ducci c, bueno h, et al. 2017 esc guidelines for the management of acute myocardial infarctionin patients presenting with st-segment elevation: the task force for the management of acute myocardial infarction in patients presenting with st- segment elevation of the european society of cardiology (esc). eur heart j. 2018 jan 7;39(2):119-177.

[115] Intervenção coronária percutânea . disponível em: http://www.nhlbi.nih.gov/health/dci/diseases/angioplasty/angioplasty_whatis. html

[116] Revisão dos estudos biomecânicos das artérias e do seu efeito no desempenho dos stents. disponível em: http://www.medivisuals.com/an-arterial-wall- 604089r-02x.aspx.

[117] Zijlstra f, hoorntje jc, boer mj, reiffers s, miedema k, ottervanger jp, et al. longterm benefit of primary angioplasty as compared with thrombolytic therapy for acute myocardial infarction. n engl j med.1999; 341:1413-1419.

[118] .Keeley ec, boura ja, grines cl. primary angioplasty vs. intravenous thrombolytic therapy for acute myocardial infarction: a quantitative review of 23 randomised trials. lancet 2003;361:13-20.

[119] Widimsky p, budesinsky t, vorac d, groch l, zelizko m, aschermann m, et al. long distance transport for primary angioplasty vs. immediate thrombolysis in acute myocardial infarction. final results of the randomized national multicentre triale prague- 2. eur heart j. 2003;24:94-104.

[120] Andersen hr, nielsen tt, rasmussen k, thuesen l, kelbaek h, thayssen p, et al. a comparison of coronary angioplasty with fibrinolytic therapy in acute myocardial infarction. n engl j med. 2003;349:733-742.

[121] Terkelsen cj, lassen jf, norgaard bl, gerdes jc, jensen t, gotzsche lb, et al. mortality rates in patients with st-elevation vs. non-st-elevation acute myocardial infarction: observations from an unselected cohort. eur heart j 2005; 26:18-26.

[122] .E.does time matter? a pooled analysis of randomized clinical trials comparing primary percutaneous coronary intervention and in-hospital fibrinolysis in acute myocardial infarction patients. eur heart j 2006; 27:779- 788.

[123] Pinto ds, frederick pd, chakrabarti ak, kirtane aj, ullman e, dejam a, miller dp, et al. benefit of transferring st-segment-elevation myocardial infarction patients for percutaneous coronary intervention compared with administration of onsite fibrinolytic declines as delays increase. circulation. 2011;124:2512-2521.

[124] .Jp t, ap t. a review of available fibrin-specific thrombolytic agents used in acute myocardial infarction. pharmacotherapy [internet]. feb 2001 [cited 10 Sep 2022];21(2). available from: https://pubmed.ncbi.nlm.nih.gov/11213858/

[125] Morrison lj, verbeek pr, mcdonald ac, sawadsky bv, cook dj. mortality and prehospital thrombolysis for acute myocardial infarction. jama 2000;283:2686-92.

[126] .Boersma e, maas ac, deckers jw, simoons ml. early thrombolytic treatment in acute myocardial infarction: reappraisal of the golden hour. lancet 1996;348:771-5.

[127] Rawles jm, kenmure ac. controlled trial of oxygen in uncomplicated myocardial infarction. br med j. 8 may 1976;1(6018):1121-3.

[128] . Steg pg, bonnefoy e, chabaud s, lapostolle f, dubien py, cristofini p, et al. impact of time to treatment on mortality after prehospital fibrinolysis or primary angioplasty: data from the captim randomized clinical trial. circulation. 9 Dec 2003;108(23):2851-6.

[129] Ibanez, b. et al. 2017 esc guidelines for the management of acute myocardial infarction in patients presenting with st-segment elevation: the task force for the management of acute myocardial infarction in patients presenting with st-segment elevation of the european society of cardiology (esc).

[130] Danchin n, coste p, ferrières j, steg pg, cottin y, blanchard d, et al. comparison of thrombolysis followed by broad use of percutaneous coronary intervention with primary percutaneous coronary intervention for st-segment-elevation acute myocardial infarction: data from the french registry on acute st-elevation myocardial infarction (fast-mi). circulation. 15 Jul 2008;118(3):268-76.

[131] Gershlick ah, stephens-lloyd a, hughes s, abrams kr, stevens se, uren ng, de belder a, davis j, pitt m, banning a, baumbach a, shiu mf, schofield p, dawkins kd, henderson ra, oldroyd kg, wilcox r, react trial investigators. rescue angioplasty after failed thrombolytic therapy for acute myocardial infarction.

[132] Cantor wj, fitchett d, borgundvaag b, ducas j, heffernan m, cohen ea, et al. routine early angioplasty after fibrinolysis for acute myocardial infarction. n engl j med. 25 june 2009;360(26):2705-18.

[133] . Di mario c, dudek d, piscione f, mielecki w, savonitto s, murena e, et al. immediate angioplasty versus standard therapy with rescue angioplasty afterthrombolysis in the combined abciximab reteplase stent study in acute myocardial infarction (caressin-ami): an open, prospective, randomised, multicentre trial. lancet. 16 de fevereiro de 2008;371(9612):559-68.

[134] . B0hmer e, hoffmann p, abdelnoor m, arnesen h, halvorsen s. efficacy and safety of immediate angioplasty versus ischemia-guided management after thrombolysis in acute myocardial infarction in areas with very long transfer distances results of the nordistemi (norwegian study on district treatment of st-elevation myocardial infarction). j am coll cardiol. 12 jan 2010;55(2):102-10.

[135] . Le May mr, wells ga, labinaz m, davies rf, turek m, leddy d, et al. combined angioplasty and pharmacological intervention versus thrombolysis alone in acute myocardial infarction (capital ami study). j am coll cardiol. 2 august 2005;46(3):417-24.

[136] . Fernandez-avilés f, alonso jj, castro-beiras a, vázquez n, blanco j, alonso-brialesj, et al. routine invasive strategy within 24 hours of thrombolysis versus ischaemia- guided conservative approach for acute myocardial infarction with st-segment elevation (gracia-1): a randomised controlled trial. lancet. 18 de setembro de 2004;364(9439):1045-53.

[137] . Borgia f, goodman sg, halvorsen s, cantor wj, piscione f, le may mr, et al. early routine percutaneous coronary intervention after fibrinolysis vs. standard therapy in st-segment elevation myocardial infarction: a meta-analysis. eur heart j. sept 2010;31(17):2156-69.

[138] . Bonnefoy e, steg pg, boutitie f, dubien py, lapostolle f, roncalli j, et al. comparison of primary angioplasty and pre-hospital fibrinolysis in acute myocardial infarction (captim) trial: a 5-year follow-up. eur heart j. juill 2009;30(13):1598-606.

[139] . D'souza sp, mamas ma, fraser dg, fath-ordoubadi f. routine early coronary angioplasty versus ischaemia-guided angioplasty after thrombolysis in acute st- elevation myocardial infarction: a meta-analysis. eur heart j. apr 2011;32(8):972-82.

[140] . O'gara pt, kushner fg, ascheim dd, casey de, chung mk, de lemos ja, et al. 2013 accf/aha guideline for the management of st-elevation myocardial infarction: a report of the american college of cardiology foundation/american heart association task force on practice guidelines. j am coll cardiol. 29 jan 2013;61(4):e78-140.

[141] . Yusuf s, mehta sr, chrolavicius s, afzal r, pogue j, granger cb, budaj a, peters rjg, bassand jp, wallentin l, joyner c, fox kaa, oasis-6 trial group. effects of fondaparinux on mortalidade e reinfarto em pacientes com infarto agudo do miocárdio com supradesnivelamento do segmento ST: o estudo randomizado oasis-6 - pubmed. available on: https://pubmed.ncbi.nlm.nih.gov/16537725/

[142] . Montalescot g, zeymer u, silvain j, boulanger b, cohen m, goldstein p, et al. intravenous enoxaparin or unfractionated heparin in primary percutaneous coronary intervention for st-elevation myocardial infarction: the international randomised openlabel atoll trial. lancet. 20 de agosto de 2011;378(9792):693-703.

[143] . Jp c, k h, m c, u z, p g, jr pc, et al. a direct comparison of intravenous enoxaparin with unfractionated heparin in primary percutaneous coronary intervention (from the atoll trial). am j cardiol. 5 Sep 2013;112(9):1367-72.

[144] . J s, f b, o b, c p, m c, u z, et al. efficacy and safety of enoxaparin versus unfractionated heparin during percutaneous coronary intervention: systematic review and meta-analysis. bmj (clinical research ed) [internet]. 2 de março de 2012;344.
disponível em: https://pubmed.ncbi.nlm.nih.gov/22306479/

[145] . Mega jl, braunwald e, wiviott sd, bassand jp, bhatt dl, bode c, et al. rivaroxaban in patients with a recent acute coronary syndrome. n engl j med. 5 jan 2012;366(1):9-19.

[146] . Damman p, woudstra p, kuijt wj, de winter rj, james sk. p2y12 platelet inhibition in clinical practice. j thromb thrombolysis. fev 2012;33(2):143-53.

[147] . Wiviott sd, steg pg. clinical evidence for oral antiplatelet therapy in acute coronary syndromes. lancet. 18 Jul 2015;386(9990):292-302.

[148] . Levine gn, bates er, bittl ja, brindis rg, fihn sd, fleisher la, et al. 2016 acc/aha guideline focused update on duration of dual antiplatelet therapy in patients with coronary artery disease: a report of the american college of cardiology/american heart association task force on clinical practice guidelines: uma atualização das diretrizes accf/aha/scai de 2011 para a intervenção coronária percutânea, das diretrizes accf/aha de 2011 para a cirurgia de revascularização do miocárdio, das diretrizes acc/aha/acp/aats/pcna/scai/sts de

2012 para o diagnóstico e tratamento de doentes com doença cardíaca isquémica estável, diretrizes de 2013 da accf/aha para o tratamento do enfarte do miocárdio com elevação do segmento ST, diretrizes de 2014 da aha/acc para o tratamento de doentes com síndromes coronárias agudas sem elevação, e diretrizes de 2014 da acc/aha sobre avaliação cardiovascular perioperatória e tratamento de doentes submetidos a cirurgia não cardíaca. circulação. 6 de setembro
2016;134(10):e123-155.

[149] . Valgimigli m, bueno h, byrne ra, collet jp, costa f, jeppsson a, et al. 2017 esc focused update on dual antiplatelet therapy in coronary artery disease developed in collaboration with eacts: the task force for dual antiplatelet therapy in coronary artery disease of the european society of cardiology (esc) and of the european association for cardio-thoracic surgery (eacts). eur heart j. 14 jan 2018;39(3):213-60.

[150] . Zeymer u, hohlfeld t, vom dahl j, erbel r, münzel t, zahn r, et al. ensaio prospetivo e aleatório dos efeitos antiplaquetários dependentes do tempo de 500 mg e 250 mg de ácido acetilsalicílico i. v. e 300 mg p. o. em acs (agudo). thromb haemost. 28 fev 2017;117(3):625-35.

[151] . G m, aw van 't h, f l, j s, jf l, l b, et al. prehospital ticagrelor in st-segment elevation myocardial infarction. the new england journal of medicine [internet]. 9 Nov 2014 ;371(11). disponível em: https://pubmed.ncbi.nlm.nih.gov/25175921/

[152] . Efeito do tratamento a montante com clopidogrel em doentes com enfarte do miocárdio com elevação do segmento ST submetidos a intervenção coronária percutânea primária - .
pubmed [internet]. disponível em: https://pubmed.ncbi.nlm.nih.gov/21719452/

[153] . Dörler j, edlinger m, alber hf, altenberger j, benzer w, grimm g, et al. clopidogrel pre-treatment is associated with reduced in-hospital mortality in primary percutaneous coronary intervention for acute st-elevation myocardial infarction. eurheart j. dec 2011;32(23):2954-61.

[154] . Zeymer u, arntz hr, mark b, fichtlscherer s, werner g, schöller r, et al. eficácia e segurança de uma dose de carga elevada de clopidogrel administrada pré-hospitalarmente para melhorar a intervenção coronária percutânea primária no enfarte agudo do miocárdio: o ensaio aleatório cipami. clin res cardiol. 1 Abr 2012;101(4):305-12.

[155] . Wiviott sd, braunwald e, mccabe ch, montalescot g, ruzyllo w, gottlieb s, et al. prasugrel versus clopidogrel em pacientes com síndromes coronárias agudas. n engl jmed. 15 nov 2007;357(20):2001-15.

[156] . Wallentin l, becker rc, budaj a, cannon cp, emanuelsson h, held c, et al. ticagrelor versus clopidogrel em pacientes com síndromes coronárias agudas. n engl j med. 10 sept 2009;361(11):1045-57.

[157] . Mehta sr, tanguay jf, eikelboom jw, jolly ss, joyner cd, granger cb, et al. doubledose versus standard-dose clopidogrel and high-dose versus low-dose aspirin in individuals undergoing percutaneous coronary intervention for acute coronary syndromes (current-oasis 7): a randomised fatorial trial. lancet. 9 de outubro de 2010;376(9748): 1233-43.

[158] . Steg pg, bhatt dl, hamm cw, stone gw, gibson cm, mahaffey kw, et al. effect of cangrelor on periprocedural outcomes in percutaneous coronary interventions: a pooled analysis of patient-level data. lancet. 14 Dec 2013;382(9909):1981-92.

[159] . Valgimigli m, ariotti s, costa f. duration of dual antiplatelet therapy after drugeluting stent implantation: will we ever reach a consensus? eur heart j. 21 may 2015;36(20):1219-22.

[160] . Costa f, tijssen jg, ariotti s, giatti s, moscarella e, guastaroba p, et al. valor incremental dos escores de risco crusade, acuity e has-bled para a predição de eventos hemorrágicos após implante de stent coronário em pacientes submetidos a terapia antiplaquetária dupla de longa ou curta duração. j am heart assoc. 7 dec 2015;4(12):e002524.

[161] . Chen zm, pan hc, chen yp, peto r, collins r, jiang lx, et al. early intravenous then oral metoprolol in 45,852 patients with acute myocardial infarction: randomised placebo-controlled trial. lancet. 5 nov 2005;366(9497):1622-32.

[162] . Pfisterer m, cox jl, granger cb, brener sj, naylor cd, califf rm, et al. atenolol use and clinical outcomes after thrombolysis for acute myocardial infarction: the gusto-i experience. global utilization of streptokinase and tpa (alteplase) for ocluded coronary arteries. j am coll cardiol. sept 1998;32(3):634-40.

[163] . Chatterjee s, chaudhuri d, vedanthan r, fuster v, ibanez b, bangalore s, et al. early intravenous beta-blockers in patients with acute coronary syndrome--a meta-analysis of randomized trials. int j cardiol. 30 Sep 2013;168(2):915-21.

[164] . Ibanez b, macaya c, sánchez-brunete v, pizarro g, fernández-friera l, mateos a, etal. effect of early metoprolol on infarct size in st-segment-elevation myocardial infarction patients undergoing primary percutaneous coronary intervention: the effect of metoprolol in cardioprotection during an acute myocardial infarction (metocard-cnic) trial. circulation. 1 Oct 2013;128(14):1495-503.

[165] . Pizarro g, fernández-friera l, fuster v, fernández-jiménez r, garcía-ruiz jm, garcía-álvarez a, et al. long-term benefit of early pre-reperfusion metoprolol administration in patients with acute myocardial infarction: results from the metocard-cnic trial (effect of metoprolol in cardioprotection during an acute myocardial infarction). j am coll cardiol. 10 june 2014;63(22):2356-62.

[166] . García-prieto j, villena-gutiérrez r, gómez m, bernardo e, pun-garcía a, garcía-lunar i, et al. neutrophil stunning by metoprolol reduces infarct size. nat commun. 18 Abr 2017;8:14780.

[167] . Hawkins cm, richardson dw, vokonas ps. effect of propranolol in reducing mortality in older myocardial infarction patients. the beta-blocker heart attack trial experience. circulation. june 1983;67(6 pt 2):i94-97.

[168] . Olsson g, rehnqvist n, sjögren a, erhardt l, lundman t. long-term treatment with metoprolol after myocardial infarction: effect on 3 year mortality and morbidity. j am coll cardiol. june 1985;5(6):1428-37.

[169] . Norwegian multicenter study group. timolol-induced reduction in mortality and reinfarction in patients surviving acute myocardial infarction. n engl j med. 2 Apr 1981;304(14):801-7.

[170] . Freemantle n, cleland j, young p, mason j, harrison j. beta blockade after myocardial infarction: systematic review and meta regression analysis. bmj. 26 de junho de 1999;318(7200):1730-7.

[171] . Goldberger jj, bonow ro, cuffe m, liu l, rosenberg y, shah pk, et al. effect of betablocker dose on survival after acute myocardial infarction. j am coll cardiol. 29 Sep 2015;66(13):1431-41.

[172] . Randomised trial of intravenous atenolol among 16 027 cases of suspected acute

myocardial infarction: isis-1. first international study of infarct survival collaborative group. lancet. 12 jul 1986;2(8498):57-66.
[173] . Coats aj. capricorn: a story of alpha allocation and beta-blockers in left ventricular dysfunction post-mi. int j cardiol. apr 2001;78(2):109-13.
[174] . Dondo tb, hall m, west rm, jernberg t, lindahl b, bueno h, et al. ß-bloqueadores e mortalidade após infarto agudo do miocárdio em pacientes sem insuficiência cardíaca ou disfunção ventricular. j am coll cardiol. 6 de junho de 2017;69(22):2710-20.
[175] . Bugiardini r, cenko e, ricci b, vasiljevic z, dorobantu m, kedev s, et al. comparison of early versus delayed oral ß blockers in acute coronary syndromes and effect on outcomes. am j cardiol. 1 march 2016;117(5):760-7.
[176] . Indicações para os inibidores da ECA no tratamento precoce do enfarte agudo do miocárdio: visão geral sistemática dos dados individuais de 100.000 doentes em ensaios aleatórios. ace inhibitor myocardial infarction collaborative group. circulation. 9 de junho de 1998;97(22):2202-12.
[177] . Saha sa, molnar j, arora rr. tissue ace inhibitors for secondary prevention of cardiovascular disease in patients with preserved left ventricular function: a pooled metaanalysis of randomized placebo-controlled trials. j cardiovasc pharmacol ther. sept 2007;12(3):192-204.
[178] . Hikosaka m, yuasa f, yuyama r, motohiro m, mimura j, kawamura a, et al. effect of angiotensin-converting enzyme inhibitor on cardiopulmonary baroreflex sensitivity in patients with acute myocardial infarction. am j cardiol. 1 dec 2000;86(11):1241-4, a6.
[179] . Fox km, european trial on reduction of cardiac events with perindopril in stable coronary artery disease investigators. efficacy of perindopril in reduction of cardiovascular events among patients with stable coronary artery disease: randomised, double-blind, placebo-controlled, multicentre trial (the europa study). lancet. 6 de setembro de 2003;362(9386):782-8.
[180] . Heart outcomes prevention evaluation study investigators, yusuf s, sleight p, pogue j, bosch j, davies r, et al. effects of an angiotensin-converting-enzyme inhibitor, ramipril, on cardiovascular events in high-risk patients. n engl j med. 20 janv 2000;342(3):145-53.
[181] . Pfeffer ma, mcmurray jjv, velazquez ej, rouleau jl, k0ber l, maggioni ap, et al. valsartan, captopril, or both in myocardial infarction complicated by heart failure, left ventricular dysfunction, or both. n engl j med. 13 nov 2003;349(20):1893-906.
[182] . Ridker pm, danielson e, fonseca fah, genest j, gotto am, kastelein jjp, et al. rosuvastatin to prevent vascular events in men and women with elevated c-reactive protein. n engl j med. 20 nov 2008;359(21):2195-207.
[183] . Ensaio aleatório de redução do colesterol em 4444 doentes com doença coronária: o estudo escandinavo de sobrevivência da sinvastatina (4s). lancet. 19 nov 1994;344(8934):1383-9.
[184] . Sacks fm, pfeffer ma, moye la, rouleau jl, rutherford jd, cole tg, et al. the effect of pravastatin on coronary events after myocardial infarction in patients with average cholesterol levels. cholesterol and recurrent events trial investigators. n engl j med. 3 oct 1996;335(14):1001-9.
[185] . Baigent c, keech a, kearney pm, blackwell l, buck g, pollicino c, et al. efficacy and safety of cholesterol-lowering treatment: prospective meta-analysis of data from 90,056 participants in 14 randomised trials of statins. lancet. 8 de outubro de

2005;366(9493):1267-78.
[186] . Serban mc, colantonio ld, manthripragada ad, monda kl, bittner va, banach m, et al. statin intolerance and risk of coronary heart events and all-cause mortality following myocardial infarction. j am coll cardiol. 21 march 2017;69(11):1386-95.
[187] . Boekholdt sm, hovingh gk, mora s, arsenault bj, amarenco p, pedersen tr, et al. very low levels of atherogenic lipoproteins and the risk for cardiovascular events: a metaanalysis of statin trials. j am coll cardiol. 5 august 2014;64(5):485-94.
[188] . Cholesterol treatment trialists' (ctt) collaboration, fulcher j, o'connell r, voysey m, emberson j, blackwell l, et al. efficacy and safety of ldl-lowering therapy among men and women: meta-analysis of individual data from 174,000 participants in 27 randomised trials. lancet. 11 Abr 2015;385(9976):1397-405.
[189] . Cohen jc, boerwinkle e, mosley th, hobbs hh. sequence variations in pcsk9, low ldl, and protection against coronary heart disease. n engl j med. 23 march 2006;354(12):1264-72.
[190] . Sabatine ms, giugliano rp, keech ac, honarpour n, wiviott sd, murphy sa, et al. evolocumab e resultados clínicos em pacientes com doença cardiovascular. n engl jmed. 4 de maio de 2017;376(18):1713-22.
[191] . Ray kk, landmesser u, leiter la, kallend d, dufour r, karakas m, et al. inclisiran in patients at high cardiovascular risk with elevated ldl cholesterol. new england journal of medicine. 13 Abr 2017;376(15):1430-40.
[192] . Hypolipidemics: como prescrever? [internet]. disponível em: https://www.cardio-online.fr/actualites/a-la-une/comment-prescrire-traitement- medicamentos hipolipemiantes
[193] . Schwartz gg, steg pg, szarek m, bhatt dl, bittner va, diaz r, et al. alirocumab and cardiovascular outcomes after acute coronary syndrome. n engl j med. 29 nov 2018;379(22):2097-107.
[194] . Yusuf s, held p, furberg c. update of effects of calcium antagonists in myocardial infarction or angina in light of the second danish verapamil infarction trial (davit- ii) and other recent studies. am j cardiol. 1 june 1991;67(15):1295-7.
[195] . Held ph, yusuf s, furberg cd. calcium channel blockers in acute myocardial infarction and unstable angina: an overview. bmj. 11 nov 1989;299(6709): 1187-92.
[196] . Effect of verapamil on mortality and major events after acute myocardial infarction (the danish verapamil infarction trial ii--davit ii). am j cardiol. 1 oct 1990;66(10):779-85.
[197] . Furberg cd, psaty bm, meyer jv. nifedipine. dose-related increase in mortality in patients with coronary heart disease. circulation. 1 set 1995;92(5):1326-31.
[198] . Poole-wilson pa, lubsen j, kirwan ba, van dalen fj, wagener g, danchin n, et al. effect of long-acting nifedipine on mortality and cardiovascular morbidity in patients with stable angina requiring treatment (action trial): randomised controlled trial. lancet. 4 set 2004;364(9437):849-57.
[199] . Isis-4: um ensaio fatorial aleatório que avalia o captopril oral precoce, o mononitrato oral e o sulfato de magnésio intravenoso em 58 050 doentes com suspeita de enfarte agudo do miocárdio. isis-4 (fourth international study of infarct survival) collaborative group. lancet. 18 de março de 1995;345(8951):669-85.
[200] . Pitt b, remme w, zannad f, neaton j, martinez f, roniker b, et al. eplerenone, a selective aldosterone blocker, in patients with left ventricular dysfunction after myocardial infarction. n engl j med. 3 apr 2003;348(14):1309-21.

[201] . Pitt b, zannad f, remme wj, cody r, castaigne a, perez a, et al. the effect of spironolactone on morbidity and mortality in patients with severe heart failure. randomized aldactone evaluation study investigators. n engl j med. 2 sept 1999;341(10):709-17.

[202] . Montalescot g, pitt b, lopez de sa e, hamm cw, flather m, verheugt f, et al. early eplerenone treatment in patients with acute st-elevation myocardial infarction without heart failure: the randomized double-blind reminder study. eur heart j. 7 sept 2014;35(34):2295-302.

[203] . Beygui f, cayla g, roule v, roubille f, delarche n, silvain j, et al. early aldosterone blockade in acute myocardial infarction: the albatross randomized clinical trial. j am coll cardiol. 26 Apr 2016;67(16):1917-27.

[204] . Ross r. atherosclerosis--an inflammatory disease. n engl j med. 14 jan 1999;340(2):115-26.

[205] . Ridker pm, everett bm, thuren t, macfadyen jg, chang wh, ballantyne c, et al. terapia antiinflamatória com canakinumab para doença aterosclerótica. n engl j med. 21 Sep 2017;377(12):1119-31.

[206] . Abbate a, van tassell bw, biondi-zoccai g, kontos mc, grizzard jd, spillmandw, et al. effects of interleukin-1 blockade with anakinra on adverse cardiac remodeling and heart failure after acute myocardial infarction [from the virginia commonwealth university-anakinra remodeling trial (2) (vcu-art2) pilot study]. am j cardiol. 15 may 2013;111(10):1394-400.

[207] . Abbate a, kontos mc, grizzard jd, biondi-zoccai ggl, van tassell bw, robati r, et al. interleukin-1 blockade with anakinra to prevent adverse cardiac remodeling after acute myocardial infarction (virginia commonwealth university anakinra remodeling trial [vcu-art] pilot study). am j cardiol. 15 may 2010;105(10):1371- 1377.e1.

[208] . Rymer ja, newby lk. falha no lançamento: visando a inflamação em síndromes coronárias agudas. jacc basic transl sci. aoùt 2017;2(4):484-97.

[209] . Reinstadler sj, stiermaier t, fuernau g, de waha s, desch s, metzler b, et al. the challenges and impact of microvascular injury in st-elevation myocardial infarction. expert rev cardiovasc ther. 2016;14(4):431-43.

[210] . Papapostolou s, andrianopoulos n, duffy sj, brennan al, ajani ae, clark dj, et al. resultados clínicos a longo prazo de no-reflow transitório e persistente após intervenção coronária percutânea (pci): um registo multicêntrico australiano. eurointervention. 20 June 2018;14(2):185-93.

[211] . Feher a, chen sy, bagi z, arora v. prevenção e tratamento do fenómeno de no-reflow tendo como alvo a microcirculação coronária. rev cardiovasc med. 2014;15(1):38-51.

[212] . Fischell ta, fischell dr, avezum a, john ms, holmes d, foster m, et al. initial clinical results using intracardiac electrogram monitoring to detect and alert patients during coronary plaque rupture and ischemia. j am coll cardiol. 28 sept2010;56(14):1089-98.

[213] . Us Food & drug administration. carta de aprovação da fda angelmed guardian system (p150009). fda.gov https://www.accessdata.fda.gov/cdrh_docs/pdf15/p150009a.pdf (2018).

[214] . Schmidt mr, rasmussen me, b0tker he. remote ischemic conditioning for patients with stemi. j cardiovasc pharmacol ther. jul 2017;22(4):302-9.

[215] . Stone gw, selker hp, thiele h, patel mr, udelson je, ohman em, et al. relationship

between infarct size and outcomes following primary pci: patient- level analysis from 10 randomized trials. j am coll cardiol. 12 Apr 2016;67(14):1674-83.
[216] . Ibáñez b, heusch g, ovize m, van de werf f. evolving therapies for myocardial ischemia/reperfusion injury. j am coll cardiol. 14 Apr 2015;65(14):1454-71.
[217] . Niccoli g, scalone g, lerman a, crea f. coronary microvascular obruction in acute myocardial infarction. eur heart j. 1 Apr 2016;37(13):1024-33.
[218] . Hausenloy dj, botker he, engstrom t, erlinge d, heusch g, ibanez b, et al. targeting reperfusion injury in patients with st-segment elevation myocardial infarction: trials and tribulations. eur heart j. 1 Abr 2017;38(13):935-41.
[219] . Schmitt j, duray g, gersh bj, hohnloser sh. atrial fibrillation in acute myocardial infarction: a systematic review of the incidence, clinical features and prognostic implications. eur heart j. may 2009;30(9):1038-45.
[220] . Batra g, svennblad b, held c, jernberg t, johanson p, wallentin l, et al. todos os tipos de fibrilação atrial no cenário do infarto do miocárdio estão associados a um resultado prejudicado. heart. 15 de junho de 2016;102(12):926-33.
[221] . Kirchhof p, benussi s, kotecha d, ahlsson a, atar d, casadei b, et al. 2016 esc guidelines for the management of atrial fibrillation developed in collaboration with eacts. eur j cardiothorac surg. nov 2016;50(5):e1-88.
[222] . Nilsson kr, al-khatib sm, zhou y, pieper k, white hd, maggioni ap, et al. atrial fibrillation management strategies and early mortality after myocardial infarction: results from the valsartan in acute myocardial infarction (valiant) trial. heart. june 2010;96(11):838-42.
[223] . Gorenek b, blomström lundqvist c, brugada terradellas j, camm aj, hindricks g, huber k, et al. cardiac arrhythmias in acute coronary syndromes: position paper from the joint ehra, acca, and eapci task force. europace. nov 2014;16(11):1655-73.
[224] . Jabre p, jouven x, adnet f, thabut g, bielinski sj, weston sa, et al. atrial fibrillation and death after myocardial infarction: a community study. circulation. 17 de maio de 2011;123(19):2094-100.
[225] . Siu cw, jim mh, ho hh, miu r, lee swl, lau cp, et al. transient atrial fibrillation complicating acute inferior myocardial infarction: implications for future risk of ischemic stroke. chest. jul 2007;132(1):44-9.
[226] . Demidova mm, smith jg, höijer cj, holmqvist f, erlinge d, platonov pg. prognostic impact of early ventricular fibrillation in patients with st-elevation myocardial infarction treated with primary pci. eur heart j acute cardiovasc care. dec 2012;1(4):302-11.
[227] . Mehta rh, starr az, lopes rd, hochman js, widimsky p, pieper ks, et al. incidence of and outcomes associated with ventricular tachycardia or fibrillation in patients undergoing primary percutaneous coronary intervention. jama. 6 May 2009;301(17):1779-89.
[228] . Piccini jp, schulte pj, pieper ks, mehta rh, white hd, van de werf f, et al. antiarrhythmic drug therapy for sustained ventricular arrhythmias complicating acute myocardial infarction. crit care med. jan 2011;39(1):78-83.
[229] . Dumas f, cariou a, manzo-silberman s, grimaldi d, vivien b, rosencher j, et al. immediate percutaneous coronary intervention is associated with better survival after out-of-hospital cardiac arrest: insights from the procat (parisian region out of hospital cardiac arrest) registry. circ cardiovasc interv. 1 de junho de 2010;3(3):200-7.
[230] . V R, b i, jp o, g p, n van r, a m, et al. early intravenous beta-blockers in patients with st-segment elevation myocardial infarction before primary percutaneous coronary

intervention. journal of the american college of cardiology [internet]. 14 de junho de 2016 ;67(23). disponível em: https://pubmed.ncbi.nlm.nih.gov/27050189/

[231] . Piccini jp, hranitzky pm, kilaru r, rouleau jl, white hd, aylward pe, et al. relação da mortalidade com a não prescrição aguda de beta-bloqueadores em doentes com taquicardia ventricular sustentada e fibrilhação ventricular após enfarte agudo do miocárdio (do registo valsartan in acute myocardial infarction trial [valiant]). am j cardiol. 1 dec 2008;102(11):1427-32.

[232] . Zafari am, zarter sk, heggen v, wilson p, taylor ra, reddy k, et al. a program encouraging early defibrillation results in improved in-hospital resuscitation efficacy. j am coll cardiol. 18 august 2004;44(4):846-52.

[233] . Wolfe cl, nibley c, bhandari a, chatterjee k, scheinman m. polymorphous ventricular tachycardia associated with acute myocardial infarction. circulation. oct 1991;84(4):1543-51.

[234] . Liang jj, fender ea, cha ym, lennon rj, prasad a, barsness gw. long-term outcomes in survivors of early ventricular arrhythmias after acute st-elevation and non-st- elevation myocardial infarction treated with percutaneous coronary intervention. am j cardiol. 1 march 2016;117(5):709-13.

[235] . Masuda m, nakatani d, hikoso s, suna s, usami m, matsumoto s, et al. clinical impact of ventricular tachycardia and/or fibrillation during the acute phase of acute myocardial infarction on in-hospital and 5-year mortality rates in the percutaneous coronary intervention era. circ j. 24 june 2016;80(7):1539-47.

[236] . Priori sg, blomström-lundqvist c, mazzanti a, blom n, borggrefe m, camm j, et al. 2015 esc guidelines for the management of patients with ventricular arrhythmias and the prevention of sudden cardiac death: the task force for the management of patients with ventricular arrhythmias and the prevention of sudden cardiac death of the european society of cardiology (esc). subscrito por: association for european paediatric and congenital cardiology (aepc). eur heart j. 1 nov 2015;36(41):2793-867.

[237] . Zimetbaum pj, josephson me. use of the electrocardiogram in acute myocardial infarction. new england journal of medicine. 6 march 2003;348(10):933-40.

[238] . Meine tj, al-khatib sm, alexander jh, granger cb, white hd, kilaru r, et al. incidence, predictors, and outcomes of high-degree atrioventricular block complicating acute myocardial infarction treated with thrombolytic therapy. am heart j. apr 2005;149(4):670-4.

[239] . Gang ujo, hvelplund a, pedersen s, iversen a, j0ns c, abildstom sz, et al. high-degree atrioventricular block complicating st-segment elevation myocardial infarction in the era of primary percutaneous coronary intervention. europace. nov 2012;14(11):1639-45.

[240] . Feigl d, ashkenazy j, kishon y. early and late atrioventricular block in acute inferior myocardial infarction. j am coll cardiol. juill 1984;4(1):35-8.

[241] . Bertolet bd, mcmurtrie eb, hill ja, belardinelli l. theophylline for the treatment of atrioventricular block after myocardial infarction. ann intern med. 1 oct 1995;123(7):509-11.

[242] . Kim Kh, jeong mh, ahn y, kim yj, cho mc, kim w, et al. implicações clínicas diferenciais do bloqueio atrioventricular de alto grau complicando o infarto do miocárdio com elevação do segmento ST de acordo com a localização do infarto na era da intervenção coronária percutânea primária. korean circ j. maio 2016;46(3):315-23.

[243] . Mccarthy cp, vaduganathan m, mccarthy kj, januzzi jl, bhatt dl, mcevoy jw. trombo ventricular esquerdo após enfarte agudo do miocárdio: rastreio, prevenção e tratamento. jama cardiol. 1 jul 2018;3(7):642-9.
[244] . Pöss j, desch s, eitel c, de waha s, thiele h, eitel i. formação de trombo no ventrículo esquerdo após enfarte do miocárdio com elevação do segmento ST: insights de um estudo multicêntrico de ressonância magnética cardíaca. circ cardiovasc imaging. oct 2015;8(10):e003417.
[245] . Cambronero-cortinas e, bonanad c, monmeneu jv, lopez-lereu mp, gavara j, de dios e, et al. incidência, resultados e preditores de trombo ventricular após infarto do miocárdio com elevação do segmento ST reperfundido usando imagens de RM cardíaca sequencial. radiology. august 2017;284(2):372-80.
[246] . Weinsaft jw, kim j, medicherla cb, ma cl, codella ncf, kukar n, et al. echocardiographic algorithm for post-myocardial infarction lv thrombus: a gatekeeper for thrombus evaluation by delayed enhancement cmr. jacc cardiovasc imaging. may 2016;9(5):505-15.
[247] . Bulluck h, dharmakumar r, arai ae, berry c, hausenloy dj. cardiovascular magnetic resonance in acute st-segment-elevation myocardial infarction: recent advances, controversies, and future diretions. circulation. 1 de maio de 2018;137(18):1949-64.
[248] . Gellen b, biere l, logeart d, lairez o, vicaut e, furber a, et al. O momento da ressonância magnética cardíaca tem impacto na taxa de deteção de trombos no ventrículo esquerdo
após infarto do miocárdio. jacc cardiovasc imaging. nov 2017;10(11):1404-5.
[249] . Meurin p, brandao carreira v, dumaine r, shqueir a, milleron o, safar b, et al. incidência, métodos diagnósticos e evolução do trombo ventricular esquerdo em pacientes com infarto do miocárdio anterior e baixa fração de ejeção do ventrículo esquerdo: um estudo multicêntrico prospetivo. am heart j. aoüt 2015;170(2):256-62.
[250] . Zhang z, si d, zhang q, jin l, zheng h, qu m, et al. terapia profilática com rivaroxaban para trombo ventricular esquerdo após infarto do miocárdio com elevação do segmento anterior. jacc cardiovasc interv. 25 Abr 2022;15(8):861-72.
[251] . French jk, hellkamp as, armstrong pw, cohen e, kleiman ns, o'connor cm, et al. mechanical complications after percutaneous coronary intervention in st-elevation myocardial infarction (from apex-ami). am j cardiol. 1 jan 2010;105(1):59-63.
[252] . Mclaughlin a, mcgiffin d, winearls j, tesar p, cole c, vallely m, et al. veno-arterial ecmo in the setting of post-infarct ventricular septal defect: a bridge to surgical repair. heart lung circ. nov 2016;25(11):1063-6.
[253] . Durko ap, budde rpj, geleijnse ml, kappetein ap. reconhecimento, avaliação e manejo das complicações mecânicas do infarto agudo do miocárdio. heart. jul 2018;104(14):1216-23.
[254] . Kolte d, khera s, aronow ws, mujib m, palaniswamy c, sule s, et al. trends in incidence, management, and outcomes of cardiogenic shock complicating st- elevation myocardial infarction in the united states. j am heart assoc. 13 jan 2014;3(1):e000590.
[255] . Auffret v, leurent g, gilard m, hacot jp, filippi e, delaunay r, et al. incidence, timing, predictors and impact of acute heart failure complicating st-segment elevation myocardial infarction in patients treated by primary percutaneous coronary intervention. int j cardiol. 15 oct 2016;221:433-42.
[256] . Thiele h, ohman em, desch s, eitel i, de waha s. management of cardiogenic

shock. eur heart j. 21 may 2015;36(20):1223-30

[257] . Bellemain-appaix a, collet jp, montalescot g. acute coronary syndromes. emc (elsevier masson sas, paris), cardiology, 11-030-d-10, 2010.

[258] . Colégio de professores de cardiologia e doenças vasculares, factores de risco cardiovascular e prevenção, universidade médica virtual francófona, 2011-2012.

[259] . **Boersma e et al.** early thrombolytic treatment in acute myocardial infarction: reappraisal of the golden hour. lancet 1996; 348:771-775.

[260] . **Emip**.the european myocardial infarction project group. prehospital thrombolytic therapy in patients with suspected acute myocardial infarction.n.engl.j.med 1993; 329: 383-9

[261] . **Miti.** the myocardial infarction triage and intervention project group. jama 1993; 270:1211-1216.

[262] . -Late **study group:** late assessment of thrombolytic efficacy (late) study with alteplase 6-24 hours after onset of acute myocardial infarction. lancet 1993;342:759-766

[263] . **-Investigadores angiográficos de Gusto.** Os efeitos do ativador do plasminogénio tecidular, da estreptoquinase ou de ambos na permeabilidade das artérias coronárias, na função ventricular e na sobrevivência após uma lesão aguda do miocárdio. n.engl.j med 1993 ; 329 : 1615 - 22

[264] . **-Grupo italiano para o estudo da sobrevivência no enfarte do miocárdio. (gissi-2):** um ensaio fatorial aleatório de alteplase versus estreptoquinase e heparina versus não heparina em 12 490 doentes com enfarte agudo do miocárdio.lancet 1990; 336 : 65 - 71

[265] . **-Isis-3 (third international study of infarct survival) collaborative study group .**randomised comparison for streptokinase vs tissue plasminogen activator vs anistreplase and of aspirin plus heparin vs aspirin alone among 41 299 cases of suspected acute myocardial infarction. lancet 1992 ; 339 : 75370

[266] . -Gusto **investigators** an international randomised trial comparing thrombolytic strategies for acute myocardial infarction. new england journal of medicine 1993; 329 : 673 - 82

[267] . **-Gusto iib.** o uso global de estratégias para abrir artérias coronárias ocluídas em síndromes coronárias agudas (gusto iib) investigadores de subestudo de angioplastia. n. engl. j med 1997; 23: 1621-1628.

[268] . -Gusto **iii.** the global use of strategies to open ocluded coronary arteries (gusto iii) investigators. a comparison of reteplase with alteplase for acute myocardial infarction. n. engl. j med 1997; 337: 1118-1123.

[269] . -Timi **10 a.** circulação 1999; 95:351-356.

[270] . -Timi **10 b.**circulação 1998;98:**2805-2814**.

[271] . -Assent **1.** avaliação da segurança e eficácia de um novo agente trombolítico. am heart j 1999; 137:786-791.

[272] . -Assent-2. Single bolus tenecteplase compared with front-loaded alteplase in acute myocardial infarction: the assent-2 double blind randomised trial . lancet 1999; 354:71622.

[273] **.** Thiele h, jobs a, ouweneel dm, henriques jps, seyfarth m, desch s, et al. dispositivos percutâneos de suporte mecânico ativo de curta duração em choque cardiogénico: uma revisão sistemática e meta-análise colaborativa de ensaios aleatórios. eur heart j. 14 Dez 2017;38(47):3523-31.

[274] . Pinto, d. s. et al. benefit of transferring st-segment-elevation myocardial infarction patients for percutaneous coronary intervention compared with administration of onsite fibrinolytic declines as delays increase. circulation [internet]. 12 de junho de 2011;124(23). disponível em: https://pubmed.ncbi.nlm.nih.gov/22064592/

[275] . Bonnefoy e, steg pg, boutitie f, dubien py, lapostolle f, roncalli j, et al. comparison of primary angioplasty and pre-hospital fibrinolysis in acute myocardial infarction (captim) trial: a 5-year follow-up. eur heart j. juill 2009;30(13):1598-606.

[276] . Armstrong pw, gershlick ah, goldstein p, wilcox r, danays t, lambert y, et al. fibrinolysis or primary pci in st-segment elevation myocardial infarction. n engl j med. 11 Apr 2013;368(15):1379-87.

[277] . Khan m, hashim m, mustafa h, et al. (23 de julho de 2020) epidemiologia global da doença cardíaca isquémica: resultados do estudo do fardo global das doenças. cureus 12(7): e9349. doi 10.7759/cureus.9349

[278] . Effects of clopidogrel in addition to aspirin in patients with acute coronary syndromes without st-segment elevation. n engl j med. 2001;345(7):494- 502.

[279] . Wiviott sd, braunwald e, mccabe ch, montalescot g, ruzyllo w, gottlieb s, et al. prasugrel versus clopidogrel em pacientes com síndromes coronárias agudas. new england journal of medicine. 15 nov 2007;357(20):2001- 15.

[280] . Wallentin l, becker rc, budaj a, cannon cp, emanuelsson h, held c, et al. ticagrelor versus clopidogrel em pacientes com síndromes coronárias agudas. n engl j med. 10 sept 2009;361(11):1045- 57.

[281] . Brandler e, paladino l, sinert r. does the early administration of beta-blockers improve the in-hospital mortality rate of patients admitted with acute coronary syndrome? acad emerg med. jan 2010;17(1):1- 10.

[282] . Dirkali a, van der ploeg t, nangrahary m, cornel jh, umans vawm. the impact of admission plasma glucose on long-term mortality after stemi and nstemi myocardial infarction. international journal of cardiology. 1 oct 2007;121(2):215- 7.

[283] . Ling y, li x, gao x. controlo intensivo versus convencional da glicose em doentes críticos: uma meta-análise de ensaios clínicos aleatórios. european journal of internal medicine. sept 2012;23(6):564- 74.

[284] . Grines c.l., browne k.f., marco j. et al. a comparison of immediate angioplasty with thrombolytic therapy for acute myocardial infarction. n engl j med 1993; 338:673679.

[285] . Weaver d.w., simes j., betriu et al. comparison of primary coronary angioplasty and intravenous thrombolytic theray for acute myocardial infarction. a quantitativereview. jama 1997; 278: 2093-2098.

[286] . Wallentin l.c. reducing time to treatment in acute myocardial infarction. eur j emerg med 2000; 7: 217-227.

[287] . Estudo de reperfusão estratégica precoce após enfarte do miocárdio (stream) am_hrt_journal_2010_v160_n1

[288] . Boersma e., maas a.c., deckers j.w., simoons m.l. early thrombolytic treatment in acute myocardial infarction: reappraisal of the golden hour. lancet 1996; 348: 771-775.

[289] . Linderer t., schroder r., arntz r. et al. prehospital thrombolysis: beneficial effects of very early treatment on infarct size and left ventricular function. j am coll cardiol1993 ; 126: 832-839.

[290] . Morrisson l.j., verbeek p.r., mc donald a.c. et al. mortality and pre hospital thrombolysis for acute myocardial infarction. a meta-analysis. jama 2000 ; 283 : 20 :2686-2892.

[291] . Lapandry c., laperce t., lambert y. et al. prehospital management of st+ acute coronary syndromes in ile-de-france. the e- must register. arch mal coeur vaiss2005; 98: 1137-1142.

[292] . Grupo colaborativo Ftt indicações para a terapia fibrinolítica na suspeita de enfarte agudo do miocárdio: visão geral colaborativa da mortalidade precoce e dos principais resultados de morbilidade de todos os ensaios aleatórios de mais de 1000 doentes. grupo colaborativo de ensaios de terapia fibrinolítica (ftt). lancet 1994; 343: 311-322.

[293] . Hochma j.s., sleeper l.a., webb j.g. et al. early revascularization in acute myocardial infarction complicated by cardiogenic shock. n engl j med 1999; 344: 625634.

[294] . **-Lctouzct jp, genet a, amoretti r.** white paper on the management of cardiovascular disease in france. cardiologie ***2000*** 1996: 13-24.

[295] . Haouchine n, mohand-oussaid s, benyoussef n, boukhroufa f, nibouche d, redjimi m. estudo de uma série de enfartes agudos do miocárdio durante 2004.

[296] . Société algérienne de cardiologie. st elevation algeria myocardial infarction (stami).

[297] . Boussouf k, zaidi z, kaddour f, djelaoudji a, benkobbi s, bayadi n, et al. clinical epidemiology of acute myocardial infarction in setif, algeria: finding from the setif-ami registry. health sci j [internet]. 2019 [citado 25 de março de 2021];13(1). disponível em: http://www.hsj.gr/medicine/clinical-epidemiology- of-acute-myocardial-infarction-in-setif-algeria-finding-from-the-setifami- registry.php?aid=24161.

[298] . Laraba n. prevalência, factores preditivos e impacto da doença polivascular em doentes com síndrome coronária aguda [tese]. alger: université d'alger 1; 2016.

[299] . Milouchi s, ajmi h, sghaier a, khorchani a, ferjani s. management of acute coronary syndrome with st segment elevation in medenine regional hospital. a propos de 150 cas. cardiologie tunisienne.2eme trimestre 2017; 13(02) :93-100.

[300] . N'guetta r, yao h, ekou a, n'cho-mottoh mp, angoran i, tano m, et al. prevalência e caraterísticas das síndromes coronárias agudas numa população da África subsaariana. annals of cardiology and angiology. abr 2016;65(2):59-63.

[301] . Gouda m, ammar as, naguib ta, ateya aa, ibrahim e-sa. incidência e critérios de síndrome coronariana aguda entre a população da governadoria do norte do Sinai. j heart res. nov 2018;1:14-7.

[302] . **Richard jl.** le projet monica. un projet oms de recherche cardiovasculaire. rev epidemiol santé publiquee 1988 ; 36 :325-34.

[303] . Mcmanus dd, gore j, yarzebski j, spencer f, lessard d, goldberg rj. recent trends in the incidence, treatment, and outcomes of patients with stemi and nstemi. the american journal of medicine. jan 2011;124(1):40-7.

[304] . Belle l, cayla g, cottin y, coste p, khalife k, labèque jn, et al. french registry on acute st-elevation and non-st-elevation myocardial infarction 2015 (fast-mi 2015). design and baseline data. arch cardiovasc dis. july 2017;110(6-7):366-78.

[305] . Addad f, mahdhaoui a, gouider j, boughzela e, kamoun s, boujnah mr, et al. management of patients with acute st-elevation myocardial infarction: results of the fast-mi tunisia registry. plos one. 2019;14(2):e0207979.

[306] . Akoudad h, el khorb n, sekkali n, mechrafi a, zakari n, ouaha l, et al. l'infarctus du myocarde au maroc: les données du registre fes-ami. annales de cardiologie et d'angéiologie. 1 Dec 2015;64(6):434-8.

[307] . Moustaghfir a, haddak m, mechmeche r. management of acute coronarysyndromes in maghreb countries: the access (acute coronary events - a multinational survey of current management strategies) registry. archives of cardiovascular diseases. 1 nov 2012;105(11):566-77.

[308] . Steyn k, sliwa k, hawken s, commerford p, onen c, damasceno a, et al. risk factors associated with myocardial infarction in africa. the interheart africa study. circulation. 6 Dez 2005;112(23):3554-61.

[309] . Al Thani h, el-menyar a, alhabib kf, al-motarreb a, hersi a, alfaleh h, et al. polyvascular disease in patients presenting with acute coronary syndrome: its predictors and outcomes. the scientific world journal. 2012;2012:1-7.

[310] . Mukherjee d, eagle ka, kline-rogers e, feldman lj, juliard j-m, agnelli g, et al. impact of prior peripheral arterial disease and stroke on outcomes of acute coronary syndromes and effect of evidence-based therapies (from the global registry of acute coronary events). americanjournal of cardiology. 1 de julho de 2007;100(1):1-6.

[311] . Bhatt dl, peterson ed, harrington ra, ou f-s, cannon cp, gibson cm, et al. prior polyvascular disease: risk fator for adverse ischaemic outcomes in acute coronary syndromes. european heart journal. 1 de maio de 2009;30(10):1195-202.

[312] . **-Johansson s, bergstrand r, ulvenstam g, vedin a et al.** sex differences in preinfarction characteristics and long- term survival among patients with myocardial infarction. am j epidemiol 1984; 119: 610-623.

[313] . Belgacem abdelkrim mohamed, reperfusion medicamenteuse dans l'infarctus du myocarde aigu : évaluation clinique et benefice therapeutique, thesis pour le diplôme de docteur en sciences medicales, 2011.

[314] . **-Juliard j .m .,himbert d .,aubry p ., benamer h ., karrilon g.j ., boccara . feldman l.j ., streg p.g,** prise en charge orientée vers la reperfusion en phase aigue d'infarctus du myocarde .résultats sur une cohorte de 700 patients consécutifs .archives des maladies du creur et des vaisseaux 1997 ;90 (3) : 337 -43 .

[315] . **-De benedetti e, urban p, burgan s, dorsaz pa, chatelain p, gaspoz j-m, chevrolet j-c, unger p-f.** thrombolysis in acute myocardial infarction in routine clinical practice. schweiz med wochenschr 1997; 127: 1285-1290.

[316] . **-Bougatef s, ben romdhane h, kafsi n, belhani a, haouala h, slimane ml, boujnah r, drissa h , achour n, gueddiche m.** delay in treatment and access to care for myocardial infarction in hospitals: results of a multicentre study. journal de la société tunisienne des sciences médicales, 2005, 83 (supp 5) :19-23.

[317] . **-Gabriel steg p, laperche t, golmard jl, juliard jm, benamer h, himbert d, aubry p para o grupo de estudo perm.** efficacy of streptokinase, but not tissue-type plasminogen activator, in achieving 90-minutes patency after thrombolysis for acute myocardial infarction decreases with time to treatment. j am coll cardiol 1998; 31: 776-9.

[318] . **Bosset a .j, vogt p., eeckhout e ., vanmelle g ., monnier p ., scaller m.d, stauffer j.c, kappenberger l, goy jj.** long-term prognosis of patients having received thrombolysis in the acute stage of myocardial infarction. ann .cardiol , angéiol , 1997 , 46 (5-6) , 303 -310.

[319] . **Thebault b, lefevre t, loiret j, bellorini m, guillard n, funck f.** O tratamento do

enfarte do miocárdio em doentes com 75 anos ou mais comparado com o de doentes com 50 anos ou mais.
doentes com menos de 75 anos. ann. cardiol.angéiol 1997; 46 (10): 635-641

[320] -Carney rj, murphy ga, brandt jr et a for the raami study investigators.randomiscd angiographic trial of recombinant tissue-type plasminogen activator (alteplase) in myocardial infarction. j am coll cardiol 1992; 20: 17-23.

[321] . Epidemiology of avoidable delay in the care of patients with acute myocardial infarction in italy. a gissi-generated study. gissi--avoidable delay study group. arch intern med. 24 jul 1995;155(14):1481-8.

[322] . Balbaa a, elguindy a, pericak d, natarajan mk, schwalm j. be
fore the door: comparing factors affecting symptom onset to first medical contact for stemi patients between a high and low-middle income country. int j cardiol heart vasc. 8 march 2022;39:100978.

[323] . Culic v. acute risk factors for myocardial infarction. int j cardiol. 25 abr 2007;117(2):260-9.

[324] . Pitts sr, niska rw, xu j, burt cw. national hospital ambulatory medical care survey: 2006 emergency department summary. natl health stat report. 6 de agosto de 2008;(7):1-38.

[325] . Goodacre s, cross e, arnold j, angelini k, capewell s, nicholl j. the health care burden of acute chest pain. heart. fev 2005;91(2):229-30.

[326] . Conti a, paladini b, toccafondi s, magazzini s, olivotto i, galassi f, et al. effectiveness of a multidisciplinary chest pain unit for the assessment of coronary syndromes and risk stratification in the florence area. am heart j. oct 2002;144(4):630-5.

[327] . Jh p, tp a, r r, rh w, ja f, jr b, et al. missed diagnoses of acute cardiac ischemia in the emergency department. the new england journal of medicine [internet]. 20 Abr 2000; 342 (16). disponível em: https://pubmed.ncbi.nlm.nih.gov/10770981/

[328] . Mccarthy bd, beshansky jr, d'agostino rb, selker hp. missed diagnoses of acute myocardial infarction in the emergency department: results from a multicenter study. ann emerg med. march 1993;22(3):579-82.

[329] . Silverman me. william heberden and some account of a disorder of the breast. clin cardiol. march 1987; 10(3):211-3.

[330] . Serviço de urgência: identificação e tratamento rápidos de doentes com enfarte agudo do miocárdio. comité coordenador do programa nacional de alerta de enfarte do miocárdio, 60
grupo de trabalho "minutes to treatment". ann emerg med. fev 1994;23(2):311-29.

[331] . Gokhroo rk, ranwa bl, kishor k, priti k, ananthraj a, gupta s, et al. sweating: a specific predictor of st-segment elevation myocardial infarction among the symptoms of acute coronary syndrome: sweating in myocardial infarction (swimi) study group. clin cardiol. fev 2016;39(2):90-5.

[332] . Membros do grupo de redação, mozaffarian d, benjamin ej, go as, arnett dk, blaha mj, et al. heart disease and stroke statistics-2016 update: a report from the american heart association. circulation. 26 jan 2016;133(4):e38-360.n

[333] . Canto jg, fincher c, kiefe ci, allison jj, li q, funkhouser e, et al. atypical presentations among medicare beneficiaries with unstable angina pectoris. am j cardiol. 1 august 2002;90(3):248-53.

[334] . Alexander kp, roe mt, chen ay, lytle bl, pollack cv, foody jm, et al. evolution in cardiovascular care for elderly patients with non-st-segment elevation acute coronary syndromes: results from the crusade national quality improvement initiative. j am coll cardiol. 18 oct 2005;46(8):1479-87.

[335] . Rosengren a, wallentin l, simoons m, gitt ak, behar s, battler a, et al. age, clinical presentation, and outcome of acute coronary syndromes in the euroheart acute coronary syndrome survey. eur heart j. apr 2006;27(7):789-95.

[336] . Donataccio mp, piadonataccio m, puymirat e, vassanelli c, blanchard d, le breton h, et al. presentation and revascularization patterns of patients admitted for acute coronary syndromes in france between 2004 and 2008 (from the national observational study of diagnostic and interventional cardiac catheterization [onaci]). am j cardiol. 15 jan 2014;113(2):243-8.

[337] . Kannel wb, abbott rd. incidence and prognosis of unrecognized myocardial infarction. an update on the framingham study. n engl j med. 1 nov 1984;311(18):1144-7.

[338] . Canto jg, shlipak mg, rogers wj, malmgren ja, frederick pd, lambrew ct, et al. prevalence, clinical characteristics, and mortality among patients with myocardial infarction presenting without chest pain. jama. 28 june 2000;283(24):3223-9.

[339] . Brieger d, eagle ka, goodman sg, steg pg, budaj a, white k, et al. síndromes coronárias agudas sem dor torácica, um grupo de alto risco subdiagnosticado e subtratado: insights from the global registry of acute coronary events. chest. aoüt2004;126(2):461-9.

[340] . Braunwald e. the open-artery theory is alive and well--again. n engl j med. 25 nov 1993;329(22):1650-2.

[341] . Reimer ka, lowe je, rasmussen mm, jennings rb. the wavefront phenomenon of ischemic cell death. 1. myocardial infarct size vs duration of coronary oclusion in dogs. circulation. nov 1977;56(5):786-94.

[342] . Kloner ra, ellis sg, lange r, braunwald e. studies of experimental coronary artery reperfusion. effects on infarct size, myocardial function, biochemistry, ultrastructure and microvascular damage. circulation. aoüt 1983;68(2 pt 2):i8-15.

[343] . Gersh bj, stone gw, white hd, holmes dr. pharmacological facilitation of primary percutaneous coronary intervention for acute myocardial infarction: is the slope of the curve the shape of the future? jama. 23 fev 2005;293(8):979-86.

[344] . Gusto angiographic investigators. the effects of tissue plasminogen activator, streptokinase, or both on coronary-artery patency, ventricular function, and survival after acute myocardial infarction. n engl j med. 25 nov 1993;329(22):1615-22.

[345] . Síndromes coronárias agudas: uma revisão baseada em evidências e... [internet]. relias media | online continuing medical education | relias media - continuing medical education publishing. disponível em: https://www.reliasmedia.com/articles/51388- acute-coronary-syndromes-an-evidence-based-review-and-outcome-optimizing- guidelines-for-patients-with-and-without-procedural-coronary-intervention-part-iii

[346] . Terkelsen cj, s0rensen jt, maeng m, jensen lo, tilsted hh, trautner s, et al. system delay and mortality among patients with stemi treated with primary percutaneous coronary intervention. jama. 18 august 2010;304(7):763-71.

[347] . Terkelsen cj, jensen lo, tilsted hh, trautner s, johnsen sp, vach w, et al. health care system delay and heart failure in patients with st-segment elevation myocardial infarction treated with primary percutaneous coronary intervention: follow-up of population-based medical registry data. ann intern med. 20 sept 2011;155(6):361-7.

[348] . Omer ma, tyler jm, henry td, garberich r, sharkey sw, schmidt cw, et al. clinical characteristics and outcomes of stemi patients with cardiogenic shock and cardiac arrest. jacc cardiovasc interv. 25 de maio de 2020;13(10):1211-9.

[349] . Harjola vp, lassus j, sionis a, kober l, tarvasmäki t, spinar j, et al. clinical picture and risk prediction of short-term mortality in cardiogenic shock. eur j heart fail. may 2015;17(5):501-9.

[350] . Auffret v, cottin y, leurent g, gilard m, beer jc, zabalawi a, et al. predicting the development of in-hospital cardiogenic shock in patients with st-segment elevation myocardial infarction treated by primary percutaneous coronary intervention: the orbi risk score. eur heart j. 7 June 2018;39(22):2090-102.

[351] . Baran da, grines cl, bailey s, burkhoff d, hall sa, henry td, et al. scai clinical expert consensus statement on the classification of cardiogenic shock: this document was endorsed by the american college of cardiology (acc), the american heart association (aha), the society of critical care medicine (sccm), and the society of thoracic surgeons (sts) in april 2019. catheter cardiovasc interv. 1 Jul 2019;94(1):29-37.

[352] . Jentzer jc, van diepen s, barsness gw, henry td, menon v, rihal cs, et al.Classificação do choque cardiogénico para prever a mortalidade na unidade de cuidados intensivos cardíacos. j am coll cardiol. 29 oct 2019;74(17):2117-28.

[353] . Van diepen s, katz jn, albert nm, henry td, jacobs ak, kapur nk, et al. contemporary management of cardiogenic shock: a scientific statement from the american heart association. circulation. 17 oct 2017;136(16):e232-68.

[354] . Pöss j, köster j, fuernau g, eitel i, de waha s, ouarrak t, et al. risk stratification for patients in cardiogenic shock after acute myocardial infarction. j am coll cardiol. 18 Apr 2017;69(15):1913-20.

[355] . Farshid a, allada c, chandrasekhar j, marley p, mcgill d, o'connor s, et al. shorter ischaemic time and improved survival with pre-hospital stemi diagnosis and direct transfer for primary pci. heart lung circ. march 2015;24(3):234-40.

[356] . Otten am, maas ahem, ottervanger jp, kloosterman a, van 't hof awj, dambrink jhe, et al. is the difference in outcome between men and women treated by primary percutaneous coronary intervention age dependent? gender difference in stemi stratified on age. eur heart j acute cardiovasc care. dec 2013;2(4):334-41.

[357] . Van der meer mg, nathoe hm, van der graaf y, doevendans pa, appelman y. worse outcome in women with stemi: a systematic review of prognostic studies. eurj clin invest. fev 2015;45(2):226-35.

[358] . Kaul p, armstrong pw, sookram s, leung bk, brass n, welsh rc. temporal trends in patient and treatment delay among men and women presenting with st-elevation myocardial infarction. am heart j. jan 2011;161(1):91-7.

[359] . Ladwig kh, meisinger c, hymer h, wolf k, heier m, von scheidt w, et al. sex and age specific time patterns and long term time trends of pre-hospital delay of patients presenting with acute st-segment elevation myocardial infarction. int j cardiol. 3 Nov 2011;152(3):350-5.

[360] . Ladwig kh, meisinger c, hymer h, wolf k, heier m, von scheidt w, et al. sex and age specific time patterns and long term time trends of pre-hospital delay of patients presenting with acute st-segment elevation myocardial infarction. int j cardiol. 3 Nov 2011;152(3):350-5.

[361] . Borowicz a, nadolny k, bujak k, ciesla d, gasior m, hudzik b. ambulâncias paramédicas versus ambulâncias com pessoal médico e atrasos pré-hospitalares no tratamento de pacientes com infarto do miocárdio com elevação do segmento ST. cardiol j. 25 fev 2021;28(1):110-7.

[362] . Kubica j, adamski p, ladny jr, kazmierczak j, fabiszak t, filipiak kj, et al. tratamento pré-hospitalar de pacientes com síndrome coronária aguda: recomendações para equipas de emergência médica. atualização da posição de peritos 2022. cardiol j. 2022;29(4):540-52.

[363] . Kubica j, adamski p, paciorek p, ladny jr, kalarus z, banasiak w, et al. terapia antiagregante em pacientes com síndrome coronária aguda - recomendações para equipas de emergência médica. ponto de vista dos especialistas. kardiol pol. 2017;75(4):399-408.

[364] . Kubica j, adamski p, paciorek p, ladny jr, kalarus z, banasiak w, et al. tratamento de pacientes com síndrome coronária aguda: recomendações para equipas de emergência médica: foco em terapias antiplaquetárias. ponto de vista atualizado dos especialistas. cardiol j. 2018;25(3):291-300.

APÊNDICE I:
Formulário clínico do estudo
ANEXO II :
Cálculo do risco TIMI para SCA ST+ de Morrow DA et al [113].
ANEXO III :
Algoritmo de tratamento da taquicardia em doentes com SCA
ANEXO IV :
Apêndice IV: Métodos de apresentação dos doentes, componentes da duração da isquémia e algoritmo da estratégia de reperfusão. ESC 201

AnnexeI **CHU Mostaganem Service des Urgences le : |_|_|/|_|_|_|/|_|_|**

SCA com elevação de ST

DADOS ADMINISTRATIVOS :

- □ Fiche N*: Sexo : F □M □
- □ Apelido do doente : Nome próprio do doente :
- □ Idade: Peso: Altura :
- □ Endereço:
- □ Telefone (paciente): Consentimento informado **Nível socioeconómico: bom □médio** □ **mau □**

DADOS MÉDICOS E FACTORES DE RISCO :

- □ herança familiar de patologia cardiovascular (<65 anos): ouianon □
- □ Tabagismo ativo sim□ Não
- □ Diabetes sim □ não □
- □
- □ Estado: vivo □ falecido □perdido de vista : □
- □ HTA sim□ não □
- □ Insuficiência renal sim□ não □
- □ Arterite obliterativa dos membros inferiores sim□ não □
- □ Doença cardíaca isquémica prévia sim□ não □
- □ Acidente vascular cerebral isquémico sim□ não □
- □ Acidente vascular cerebral hemorrágico sim□ não □
- □ Insuficiência cardíaca sim□ não □

Π Dislipidemia sim□ não □

- □ Estilo de vida sedentário sim □ não □
- □ Alergias sim □ não □
- □ Comentário:
- □ Outros antecedentes médicos :
- □ História cirúrgica :
- □ Tratamento em curso :

DIAGNÓSTICO POSITIVO :

Início da sintomatologia: |_|_|/|_|_|_|/|_|_||; **Hora**: Hmin

□ Sintoma inicial: dor torácica □ lipotimia □ epigastralgia □ dispneia □ palpitação □ síncope □ RTA □ Outro □

□ Tempo de consulta: ; Tempo de dor da consulta : H Min

Exame clínico inicial:

- □ **CGS=** || |**/15**, PAS/PAD= |_|_||mm Hg, **HR=** bpm ; SpO2= %.
- □ **Glicemia por picada no dedo**: ||| ,||| g/l
- □ **Fase inicial do KILLIP**: 1 □2 □3 □4 □
- □ **Sinais de insuficiência circulatória aguda:** sim□ não
- □ **Sinal DCI:** .... sim□ noa
- □ **ACR**: ouia nona

ECG de 18 derivações :

Distúrbio de repolarização: superdeslocamento de ST+ : Anterosseptal aAnterossepto-apical α

Anterior alargado a Septal Inferior a Topo lateral □ Basal □
Latéro Basal a Profundo a Sub-basal Infero Lateral
Infero-latero-basal a Circunferencial a Baixa lateral a

Distúrbio de condução: sim a não a

BBG : sim não a

□ **Perturbação do ritmo**: sim não a

Se sim, qual?

Diagnóstico final :

ACS ST+ a ACS não ST+ a Outros diagnósticos :

TRATAMENTO: **1. Angioplastia primária,2. Trombólise**

I I
Trombólise de emergência: 1. pré-hospitalar por EMS, 2. hospitalar em UMC
I I

- Data de início : | ||/| ||/|| |; Hora|- ||- ||- ||- |Min
- Molécula: **Metalysis** □ **Actilizar** □
- Em caso negativo, **motivo**: reperfusão espontânea □ Atraso considerado demasiado tardio □ Doente em risco □

Contraindicação de trombólise □______Dúvida de diagnóstico □ Outros □ :

Outros tratamentos adjuvantes de emergência:

Aspirina (______ □	Clopidogrel (______) °	HNF (______) □
HBPM (______ □	Morfina (______) °	Derivados nitro (...)o
Bloqueador beta) °	Cordarone (______) °	Lasilix() □
Atropina (______) °	Xilocaína (______) °	CEE ( ) □
RCP (______) °	Catecolaminas ;	Dose ______
Outros □ :		

Evolução durante o internamento na UMC :

Simples □ Recorrência isquémica □
Complicação rítmica □ (excluindo RIVA); Distúrbio de condução □
EDC □ Insuficiência cardíaca □
Hemorragia: Maior □ Menor □ (Sede)
AVC : Isquémico □ Hemorrágico □
ACR □ Outros □ :

□ **Morte durante a hospitalização:** sim □ não □

Se sim, Data || |/|| ИU- | ; Hora || |H| || Min

□ **Alta de emergência :** **Data** | || |/||||/| ||| ; Hora| ||H| ||Min

□ **Duração do internamento na UCI de urgência : d h**

Destino: regresso a casa □ cardiologia de intervenção □ sim □ não □

Evolução durante a hospitalização:

Eco cardíaco: FEVE :

□ **Complicações:** Choque □ Insuficiência cardíaca aguda □
□ Perturbações do ritmo (excluindo RIVA) □ : Perturbação condutiva □ :
□ Hemorrágico: maior □ Menor (Sede)
□ Acidente vascular cerebral □: Isquémico □ Hemorrágico □
ACR □ Outros □:
□ Morte durante a hospitalização: sim □ não □
Se sim, data e hora: || |/||||/||||| "Kernel "¡f ήH| || |Min

Diagnóstico definitivo :

ACS ST+ □ ACS sem ST+ □ Outro diagnóstico □:

Deixar o hospital:

Data e hora: | ||/|| ||/| ||| ; Hora |||H|| |Min Destino: voltar
Início □ Regresso a casa □ Cuidados intensivos □ Cirurgia □

COMEÇAR 30 DIAS

□ Cumprimento da terapêutica: Boa □Péssima □
Π Vivo sem complicações: sim □ não □
Em caso de complicações:
Angina □Dispneia □Insuficiência cardíaca crónica (LVEF=) □
SCA St +□ SCA sem ST++ □ trombose enviada □
□ Síndrome hemorrágico sim □ não □
Em caso afirmativo, especificar o local :
□ Insuficiência cardíaca crónica: sim □ não □

□ Morte: <u>sim □ não □</u>

Em caso afirmativo, causa da morte :

Apêndice II: Cálculo do risco TIMI para SCA ST+ de Morrow DA et al [113].

Factores de risco	Número de pontos
Idade 65-74 / > 75	2 / 3
Tensão arterial sistólica < 100	3
Frequência cardíaca > 100	2
Kilip II-IV	2
Sus-ST anterior ou LBB	1
Diabetes, hipertensão ou angina	1
Peso < 67 kg	1
Tempo entre a dor e o tratamento > 4 horas	1
Cálculo da pontuação de risco TIMI ST+ (pontos cumulativos)	**Mortalidade aos 30 dias (% do total)**
0	0.8
1	1.6
2	2.2
3	4.4
4	7.3
5	12.4
6	16.1
7	23.4
8	26.8
> 8	35.9

Apêndice III: Algoritmo de tratamento da taquicardia em doentes com SCA

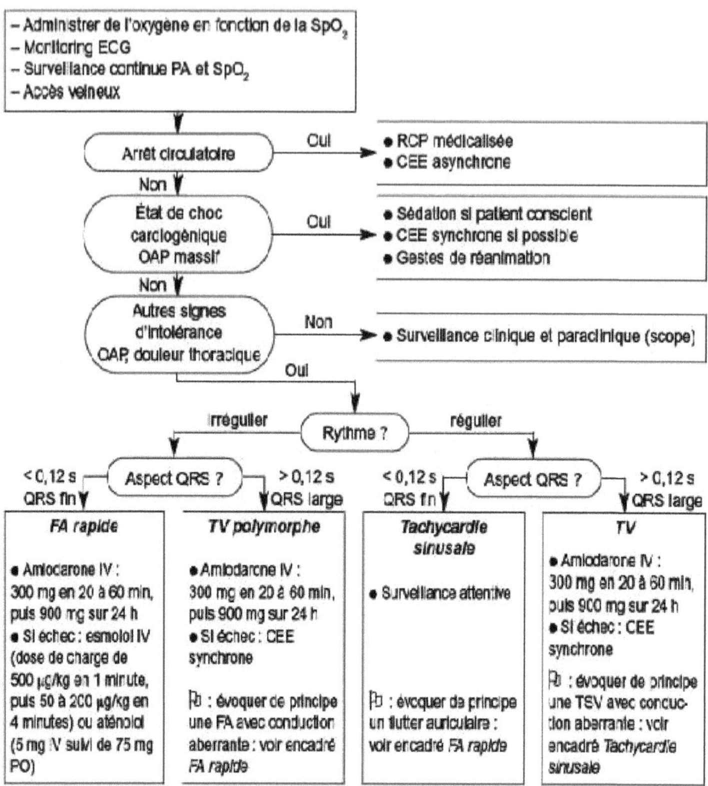

Algoritmo 4. Algoritmo de tratamento para taquicardia (frequência cardíaca > 100 bpm) num doente com SCA, excluindo insuficiência vital e taquicardia bem tolerada (segundo J.E. de la Coussaye et *al}.*

Apêndice IV: Métodos de apresentação dos doentes, componentes da duração da isquémia e algoritmo da estratégia de reperfusão. **ESC 201**

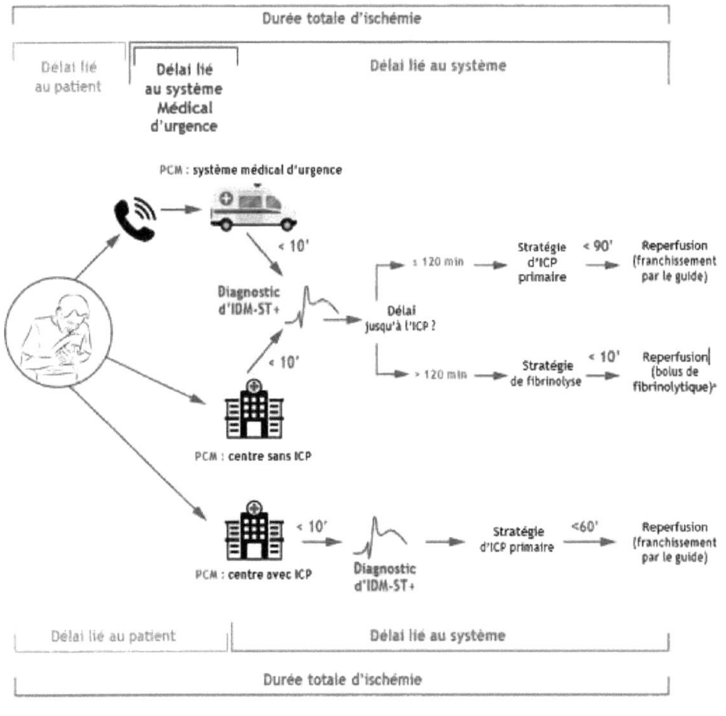

Resumo

Introdução :

O manejo da síndrome coronariana aguda com supradesnivelamento do segmento ST (STEMI) ainda é um problema em regiões fora das grandes metrópoles do país. O objetivo do nosso estudo é demonstrar o valor da criação de uma rede de trombólise para doentes com STEMI na região de Mostaganem.

Métodos :

Estudo observacional prospetivo, unicêntrico, realizado entre 1 de dezembro de 2018 e 30 de novembro de 2022, que incluiu doentes com EAMCST submetidos a trombólise de reperfusão, geridos no âmbito de uma nova rede de trombólise em Mostaganem. Foi realizada uma análise descritiva sobre o curso, caraterísticas, manejo e prognóstico intra-hospitalar desses pacientes.

Resultados :

Dos 10 doentes com STEMI que foram submetidos a trombólise em 2018 antes da criação da rede, uma média de 74 doentes foram submetidos a trombólise todos os anos no âmbito da rede de trombólise Mostaganem.

$^{-3}$Foram incluídos 295 doentes, com idade média de 58 anos e predomínio do sexo masculino (83,7%); o tempo médio de dor-hospitalização foi de 3 horas e 42 minutos (2 horas e 48 minutos para a cidade de Mostaganem vs. 4 horas e 21 minutos para a área envolvente; p<10); registámos 74,6% de casos de reperfusão com sucesso, com 19,7% de complicações e 6,7% de mortalidade (6,4% cardiovascular e 0,3% por hemorragia grave).

A análise multivariada permitiu identificar factores preditivos independentes para a ocorrência de complicações precoces: idade > 65 anos (ORa 2,6 [1,0-6,5]; p= 0,043), origem (ORa 4,1 [1,6-10,7];p= 0,004), frequência cardíaca na admissão >100/min (ORa 8.$^{-3-3}$6 [3,2-22,9] ;p< 10-3) e falência da trombólise (ORa 10,0 [4,025,0] ;p< 10) e mortalidade: choque cardiogénico (ORa 299,2 [35,2-2542,4]; p< 10) e atraso da trombólise > 6H (ORa 6,2 [1,1-35,6]; p=0,042).

Conclusão:

A instalação de uma rede de trombólise em Mostaganem permitiu melhorar significativamente a gestão médica do STEMI, reduzindo os atrasos e oferecendo assim a oportunidade de reperfusão medicamentosa a uma maior proporção de doentes que poderão tratar eficazmente o STEMI.

Palavras-chave: Síndrome coronária aguda ST+, rede, trombólise, atrasos, Mostaganem.

Printed by Books on Demand GmbH, Norderstedt / Germany